乔瑞玲 著

董卿

做一个有才情的女子

百花洲文艺出版社
BAIHUAZHOU LITERATURE AND ART PRESS

图书在版编目（CIP）数据

董卿：做一个有才情的女子 / 乔瑞玲著. — 南昌：百花洲文艺出版社，2018.1（2020.5 重印）
ISBN 978-7-5500-2599-8

Ⅰ. ①董… Ⅱ. ①乔… Ⅲ. ①女性—修养—通俗读物
Ⅳ. ① B825-49

中国版本图书馆 CIP 数据核字（2017）第 324930 号

董卿：做一个有才情的女子
乔瑞玲　著

策划编辑　许鸿琴
责任编辑　袁　蓉
封面设计　仙　境
出版发行　百花洲文艺出版社
社　　址　南昌市红谷滩新区世贸路 898 号博能中心 A 座 20 楼
邮　　编　330038
经　　销　全国新华书店
印　　刷　香河利华文化发展有限公司
开　　本　700mm×1000mm 1/16
印　　张　18
版　　次　2018 年 2 月第 1 版　2020 年 5 月第 8 次印刷
字　　数　220 千字
书　　号　ISBN 978-7-5500-2599-8
定　　价　39.80 元

赣版权登字 05-2017-545

邮购联系 0791-86895108
网址 http://www.bhzwy.com

前言
Preface

随着《朗读者》的火热播出，董卿再度成为屏霸，很多教育者、老师纷纷向家长、孩子们推荐这档清流范儿的综艺节目。此次担任主持人兼制作人兼导演的董卿无疑承包了 2017 年第一个季度的收视率，观众们边看节目边赞叹："没想到董卿具有如此深厚的文化底蕴。"

董卿的气质里，藏着她走过的路、读过的书和阅过的人。舞台上光鲜亮丽的她，其实经过了无数次痛苦的磨炼，却始终持有一个咬紧牙关的灵魂。工作再苦再累，即使是在舞台上滑倒摔伤，她仍然坚持录完节目，把最完美的自己呈现给观众，不辜负观众的期望。

美丽有期限，唯有才情能打败岁月。毕业于华东师范大学、拥有古典文学专业硕士学位的董卿对中国的古典诗词"情有独钟"。在诗词大会第三场，当台下专家探讨李贺的诗词，抛出"天若有情天亦老"时，董卿脱口而出：月如无恨月长圆。紧接着，她又来一句：天若有情天亦老，世间原只无情好。有诗书藏在心的董卿，身上具有优雅的古典美。

董卿的才情还在于她不妥协、不将就，为自己而活。温和的她其实骨子里藏着冒险欲和爆发力，在艺术创作中，她追求不断的尝试和突破。2014 年，董卿决定暂时离开主持人岗位，去美国留学深造。她说：“暂时离开，只是为了找到更好的自己。”每次义无反顾的抉择，都为董卿的人生增添了浓墨重彩的一笔，她也因此变得更加优秀和美好。

有才华的女人，后天的努力大于先天，她们懂得拼尽一切努力，奔自己的前程。事业是她们人生中最华丽的背景。董卿一直在努力，从没松懈过。进入央视十多年来，董卿一直是工作量最大的主持人之一，平均每年130台节目，每届青歌赛都要持续三四十天，而小品大赛、舞蹈大赛的直播大多在一个星期以上。董卿却乐在其中，时刻想要在这个舞台上为大家做一些好的节目。

工作上的董卿有“拼命三郎”的称号。她的同事爆料说：“董卿在录制现场摔过一跤，导致尾椎第四节骨折。医生说起码要趴着静养两周，连坐都不行。但是她仅仅休息了两天，就又站回了舞台上。”伊万卡·特朗普曾说：“在公众眼中，我拥有完美的人生，但是他们都不知道我有多努力才得到这一切。”越努力，越幸运。在这个世界上，没有人能够随随便便成功，任何成功都需要我们付出辛勤的劳动和努力的汗水。只有努力了，你想要的，岁月才会给你。

面对工作、生活中出现的压力和危机，从容不迫、有实力的女人从不慌张。董卿总是能够从容淡定地面对舞台上出现的每一个状况。她总能机智地替选手、替嘉宾、替自己解围，总是把每个突发状况处理得游刃有余，而这一切都依赖于她天长日久的付出、酝酿和积淀。

在付出中，董卿拥有了一个最重要的品质——专注。工作起来的她似乎可以忘了一切。会为了一篇主持稿，一遍又一遍地校对、背诵，以免出现什么差错。工作到深夜三四点是她的常态，只有特别饿时她才会想起自己似乎忘记了吃晚饭。有句话叫：“你的专注，让整个世界如临大敌。”愿我们都能专注认真起来，这样，我们会变得越来越美。

作为一名主持人，谈话不仅仅是一个人的能力，还体现了一个人的修养。舞台上的董卿非常善于倾听别人，尊重别人。她从不随便打断别人讲话，非常有耐心。即使对方讲话内容很多，或者由于情绪激动等原因，语言表达有些零散甚至混乱，董卿依旧会很耐心地听。当有选手由于紧张出现失误时，董卿会替选手解围，缓和僵局，令我们感受到了她的睿智和机敏。

在充斥着快节奏的今天，董卿懂得沉淀自己，静下来等待时光的检验。在她大红大紫的背后深藏着一个寂寞坚强的灵魂。主持人撒贝宁说过："有时候你看董卿的背影，会觉得她挺孤独的。"她总是一个人吃饭，一个人下班，一个人过节，一个人去好玩的地方，她面对艰难和脆弱的能力远远超乎我们的想象。董卿始终以平淡的心境迎接一切挑战，以超然的心态看待苦乐年华。她生活得洒脱适意，坦然充实。

董卿给人的印象始终是端庄得体，优雅大方的。她非常懂得穿衣打扮，是一个在任何场合都不会穿错衣服的人，同时，她更懂得如何通过着装来体现自己的内在修养。她追求简洁大方，有着极高的审美能力。有时候她甚至会为了一身衣服、一个佩饰跑遍半座城，她合适得体的穿衣风格也让她显得超凡脱俗、与众不同。

"所谓美人者以花为貌，以鸟为声，以月为神，以柳为态，以玉为骨，以冰雪为肤，以秋水为姿，以诗词为心。"像董卿一样，做一个有才情的女子吧！用充满智慧的语言、从容不迫的态度、富有才情的内心努力地生活吧，你终将会成为最有气质、最美丽的自己。

目录
Contents

第六章　谈话是歌，睿智惊艳全场

第七章　沉淀自己，静待时光来检验

第一章

你的气质里，藏着你走过的路和阅过的人

气质，是一个女人最高级的性感

女人的魅力不在年龄，不在美貌，在于她们气定神闲的微笑、宠辱不惊的淡定、风过无痕的从容。经历过的，感悟过的，惊喜过的，忧伤过的，一一沉淀在心。

一个有气质的女人身上是有磁场的，不靠性感的衣服，不靠浓艳的妆容，不靠惊艳的美貌，也一样吸引人。

屏幕上气质优雅的美女形象为董卿的主持增添了许多光彩。她宛如从春天里走来的女孩，清纯靓丽中饱含着优雅与端庄，含蓄内敛的气质赋予了她收放自如的大气和沉稳，以及一份积淀了学识与阅历的美丽。

董卿第一次听别人喊自己“美女”，还以为别人是在和她开玩笑呢。因为除了身材高挑，董卿从小就认定自己不够好看。现在她终于有了一点点自信，因为气质比相貌更重要。这种气质的培养，源于她孜孜不倦的学习以及追求完美的性格。

可是，在董卿的童年时期，她却因为容貌而自卑过。幼年董卿最难以接受的，是父亲不许她每天多照镜子。不仅如此，董卿还说：“我爸爸有一句名言，马铃薯再打扮也是土豆，他说你每天花在照镜子上的时间还不如用来看书”。此外，她的爸爸还不让妈妈给董卿做新衣服，认为女孩子不能过多地把心思放在穿衣打扮上。这对于当时还是小女生的董卿来说虽然很痛苦，但她仍然将注意力全部集中到学习上来。

张爱玲曾经说过这样一句话：“女人如花，如花的女人应保持如花的容颜，如花的才情，如花的品质。因为当岁月流逝，容颜老去，伴随一生的只剩下内在的素养和气质。”

如何做一个气质美女呢？得体的发式、淡雅的妆容、适中的身材、端正的步态、优雅的姿势、宜人的举止、悦耳的声音、动听的语言、知性的服饰等，这些都能凸显你的气质。

然而，真正经年不衰的气质，还是源自优良的品质、渊博的学识、宽广的心胸、坚强的意志、豁达的性情、远大的理想、真诚的关心、真实的爱意。越是经过岁月的磨砺，有气质的女人越能散发出持久而迷人的魅力。

一分柔情、二分优雅、三分浪漫、四分智慧，做一个气质女人，在城市熙攘的人群中脱颖而出，才是真正的“乱世佳人”。

2016年8月21日，知名主持人杨澜携新书《世界很大，幸好有你》在广州举行新书见面会。在聊到“女性如何变得有气质”的话题时，杨澜说，女生爱美是人之天性，但变美秘诀至少要花3个小时才能说完。“美丽到了一个高级阶段就是要认识它，要从关心他人意见变成关注自己所表达的东西。到了一定年纪，你会发现，打扮其实只是一种衬托”。

杨澜和很多女性分享了自己的看法。“你们有没有发现，女排的姑娘都特别美？她们基本都在20—24岁，但我特别注意到了郎平，我和她认识20多年，她步入中年后，变得越来越美了。所以，女生的相貌不是20多岁定的，只要你的内心变得充实美好，你的外貌就可以发生巨大变化，那么你会越来越有气质”。

林清玄说，三流的化妆是脸上的化妆，二流的化妆是精神的化妆，一流的化妆是生命的化妆。女人的内在美才是女人最长久的魅力，好的内在气质能让女人变得格外动人美丽。无论岁月如何，那份独特的气质永远不会消失。

气质的养成也绝非朝夕之功，它是能力、知识、阅历、情感、生活的一种综合实力的外在表现。一个有气质的女人懂得不断丰富自己的学识，修炼自己的人格，提高自己的文化内涵，久而久之，哪怕是她的一个眼神、一个手势，都会自然而然地流露出迷人的风韵。

“女人不是因为美丽而可爱，而是因为可爱才美丽”，可爱即是女人的气质美。一个女人拥有了气质，如同一座山上有了水就立刻显现出灵气一样，立刻神采飞扬、明眸顾盼、楚楚动人起来。

过程就是风景，经历过才懂得

一位伟人说过：“旅途的终点没有风景。”他告诉我们人生的乐趣在于追求的过程，而不是结果。著名舞蹈家杨丽萍从不看重自己的舞蹈作品是否出名或获奖，在她看来，只有在舞蹈的过程中才能体味人心灵的回归。

董卿特别喜欢主持人这个行业，她的内心始终有一股力量让她永不停歇。她说：“其实我的外表给人感觉还比较稳重，但内心里的那种力量我不知道从哪里来的，所有的一切都是为了那一刻。我有时候会害怕，感觉像穿上了红舞鞋，停不下来了。可能有一天我也会有遗憾，该恋爱的时候没有恋爱，该成家的时候没有成家，我身边没有一个人，遗憾没有给父母更多的时间，也许有一天我也会像别的很多人一样说，现在最大的愿望就是有个孩子，等等，但现在我停不下来。”

泰戈尔曾经说过，天空没有留飞鸟的痕迹，但我已经飞过。其实，无论结果如何，都是一种收获，不要后悔自己所做的努力，因为只要努力过，成功与否不再重要。有时经过就是结果。太过于看重结果就会失掉过程中的体会与感悟，而且女人常常因为过于看重结果，最终导致失败后一蹶不振。

一件事情我们只要参与就好，尽力而为，结果如何并不重要，重要的是要在过程中有所收获，甚至有时候我们明知道会失败，也要全力以赴。因为我们会在这个努力的过程当中得到很多珍贵的东西，如经验、教训、友谊等。如果我们因为害怕失败而放弃努力，那么这些珍贵的东西就不可能得到了。

就每个人的一生来说，结果其实早就预定好了，那就是死亡。要使我们的一生过得有意义和有价值，可能并不是死得如何壮烈辉煌，而是生命过程的体验是否有意义和有价值，是否享受了自己的人生。

2016年的里约奥运会上，丁宁最终获得了乒乓球女单冠军。在赛后采访时，记者问丁宁有没有想过自己会夺冠，丁宁说：“这次的奥运会决赛，能够和李晓霞在决赛中相遇，对我来说也是非常幸运的一件事情，其实在比赛时并没有考虑过谁赢谁输的问题，只是全身心地投入到这次比赛中，同时也很享受这场比赛，因为我们是非常熟悉的队友，所以在比赛中我觉得更多的是临场的一些应变和调整。”

“相比于技术的突破，丁宁这四年最大的进步是心态。”丁宁的妈妈说，“里约奥运会乒乓球女单比赛一路打来，丁宁一直都很冷静。我常跟丁宁说，无论是否获得奥运冠军，你的技术和成绩都有目共睹。如果还想在四年后有所作为，你首先要做的是去享受这四年努力的过程。”

一个真正感到幸福快乐的女人应该懂得享受过程的快乐，而不是期待结果给自己带来惊喜。在人长长的一生中，所谓成功不过是一瞬间，它带来的快乐也是一瞬间，而伴随我们的是人生漫长的成长、成熟、衰老的过程。如果我们只是期待结果的快乐，而没有享受过程的快乐，那么我们所做的事情，该是多么无聊、多么琐碎、多么令人苦不堪言。这样的人生历程该是多么的痛苦啊！

居里夫人在获得诺贝尔奖后，把奖章送给了女儿做玩具，她在乎的只是做实验，探索真理过程中的快乐远比那枚奖章大得多！2000年悉尼奥运会上，俄罗斯跳水名将萨乌丁与金牌失之交臂，但他并没有沮丧颓废，反而面带笑容，称自己的每一次起跳都是一种享受，他很快乐。

享受过程的人才会收获真正的快乐和成长。过程，往往比结局更重要，就好像单单一个答案抵不过长长的计算过程一样，所以我们更要用心体会。过程总是美好的，不论结局是好是坏，过程需要我们用心珍藏，小心翼翼地铭记。

把《飞鸟集》里的一句话送给大家：黑云受光的接吻时就变成天上的云朵。

每一种光鲜的背后，都有一个咬紧牙关的灵魂

柴静在《看见》里面说："每个微笑的背后，都有一个咬紧牙关的灵魂。"是的，正是因为这种坚持和信念才有了一个更好的明天。

每个出类拔萃的女人，都为她现在所站的位置付出了很多很多。所有人生"开挂"的姑娘，都为她们手中的好时光闷头奋斗过很久，只是我们不知道罢了。

一次录制《中国诗词大会》时，董卿在舞台上不小心踩空摔伤。后来去医院检查才发现，董卿摔下来就直接磕在了铁架子上，磕到了髌骨，甚至都疼得说不出话来了。但是，当时她并没有停止主持，而是强忍着疼痛和泪水，坚持把节目录完了。

当节目录完后，工作人员赶忙把董卿背出演播室要送去医院。然而这时董卿对总导演颜芳说："快让人把明天两场节目的台本、题库给我，去医院不知道处理到几点，我必须带过去看。"董卿的这句话让颜芳和身边的工作人员都大为感动。颜芳说："本来想着，主持人受伤站都站不起来了，现找主持人也根本来不及，明儿录制肯定得推迟，结果她根本就没打算休息。"

我们总是会羡慕那些表面上光鲜亮丽的人，明星、富豪、高官夫人，说起来那是满满的羡慕嫉妒恨。但他们所有的光鲜亮丽，都是熬了无数个不为人知

的黑夜换来的，正如著名作家冰心在《成功的花》里描述的那样："成功的花，人们只惊艳她现时的明艳！然而当初她的芽儿，浸透了奋斗的泪泉，洒遍了牺牲的血雨。"

荧屏上的杨澜是成功的女强人，在生活中，杨澜回归母亲的角色，依然坚毅。因为工作紧张，杨澜患有神经性头痛，严重时靠止痛药来缓解。但杨澜在自传中写道，她在美国怀孕时，什么药都不敢吃了，头痛得眼泪直流也只能咬牙挺着。几年后，在筹备阳光卫视期间，杨澜再次怀孕，她依旧挺着大肚子与卫星公司谈判。因为妊娠期对牛奶味很敏感，杨澜常恶心呕吐，有时候实在忍受不住，就跑进厕所呕吐。吐完之后，用胭脂粉遮盖满面的苍白，涂上口红，嚼上两块口香糖，回来继续谈。

著名女作家吴淡如说："总要在雨过天晴后，才发现暴风雨自有它的意义。"钻出土壤的痛苦只为遇见阳光的美好。大雪压青枝，其实是种考验，要不你抬头强忍，它化水蒸发，也带走你的污垢；要不你低头俯身，它坠地自在，也无法将你洗涤。

在追求梦想的道路上，总有最坎坷最黑暗的那几年，这时候往往是黎明前最黑暗的时刻，坚持挺过去，很快就会迎来成功的黎明。可惜的是，很多人往往在这个时候动摇了、放弃了，而咬牙坚持的人终究会被岁月温柔以待，在温柔的时光里开出最美的花。

然而在现实生活中却有很多女人总是一边享受着慵懒的乐趣，一边羡慕那些光鲜亮丽的女性，羡慕她们有足够的钱游走在世界各地，羡慕她们随手拎的包的价位足够自己一年的生活费。但果真要她们放弃现在舒适的工作换一份加班加到不分昼夜的高薪职位，很多人又很害怕，她们不是担心无法胜任工作，就是担心受不了高强度的工作压力，于是只能在羡慕中摇摆不定、蹉跎时光。

当看到从小一起玩到大的小伙伴从默默无闻到走到更高更大的舞台，你一直以为她凭的是美貌，或许你还曾在心中冒过酸气：“不就是生了一副好相貌，正赶上看脸的时代罢了。”直到后来，当看到她一个人在练功房练舞到深夜，看到她身上永远有瘀青和伤痕，看到她因训练时间过长而疯狂呕吐……你才明白，你所羡慕的光鲜背后全是默默对苦痛的忍受和对梦想的坚守。

我们都会羡慕别人，羡慕那些高不可攀的家世，羡慕他们拥有的金钱和资源。诚然，家庭和出身不可选择，但眼界可以选择，别再偷偷羡慕别人的成功和幸运，羡慕和嫉妒并不能让你提升半分。一个成熟的女人应该在接受现实和不公平的基础上给自己争取更多的机会，咬牙坚持自己的梦想和追求，最终你一定会收获成长和历练，活成自己想要的模样。

即使岁月变迁，容颜衰退，这份痛苦拼搏后的回忆及坚持后获取的能力，也无人能夺。

爱情的每次发生，都是值得的

《向幸福出发》中的序言标题这样写道，“每一次爱情，都是一次成长”。的确，每一份感情都很美，每一程相伴都令人迷醉。感情是一份没有答案的问卷，苦苦的追寻并不能让生活更圆满，也许一点遗憾、一丝伤感会让这份问卷更隽永，也更久远。

董卿曾经这样说，对于别的事情你可以说值不值得，但唯独爱情，你不能用这个衡量。爱情的每次发生，都是值得的，不管有无结局，都会丰满你的人生。

董卿的家教很严，所以她的初恋姗姗来迟。“我的家庭是个传统家庭，我只是在上高一的时候单恋过一个小男生，而真正的初恋是在高中毕业那年的暑假，我认识了一个已参加工作的男孩，他比我大几岁。我们谈了几个月的恋爱，之后感情就无疾而终了——因为我要去上海读大学，两个人不能在一起，虽然也常通信，但事情一忙，也就忘记了。我的初恋来得快，走得也快，即便现在，不会轻易想起，但也至少不会忘记。”董卿笑言道。

张爱玲说，也许每一个男子都有过这样的两个女人，至少两个。娶了红玫瑰，久而久之，红的变成墙上的一抹蚊子血，白的还是“床前明月光”；娶了白玫瑰，白的便是衣服上的一粒饭粘子，红的却是心口上的一颗朱砂痣。

同样，大多数女人也都会经历几段感情。有些人因为某一段恋情的结束而一蹶不振，或者是后悔这段恋情的开始，或者是心生抱怨，直呼某段爱情的出现太不值得。殊不知，爱情的每次发生都有它的可取之处，也有它值得发生的原因。

即便一段爱情以不美好的姿态谢幕，我们也应该继续对爱情充满信心，认真对待下一段恋情。不管到了什么样的年龄和时代，曾经受到什么样的伤害和挫折，我们都要永远相信爱情。

闾丘露薇说：“即使你受过 99 次伤害，也要相信第 100 次一定会遇到真爱。在情感的道路上勇往直前，而不是患得患失。相信我，你抵达的终点一定是幸福。”

闾丘露薇在一次感恩节聚会上遇到了她的真命天子，他是一位学者。那天聚会有一个互送礼物的环节——每个人都要事先准备一份礼物，礼物被编上号，供大家抽签获取。她抽到的是一个精美的芭比娃娃，盒子里还有一张小纸条：“希望获得这个礼物的是一位女生，因为每个女孩子都有一个芭比娃娃的梦想。”闾丘露薇非常高兴，因为她小时候的最大梦想就是拥有漂亮的芭比娃娃。而那个准备这份礼物的人，就是她后来的丈夫。

有一次，闾丘露薇接到一个采访任务。当时没有任何时间准备幕后材料，情急中，她突然想到聚会上的那位男士正是这方面的资深学者。于是她在车上急吼吼地给他打电话，电话那头的他，声音温和、不急不忙，甚至还有一种让她安定下来的力量。他说：“你先别慌，更不用着急。我帮你拟几个问题，你就照着这些问题去提问，绝对错不了。”结果，那次采访不但得到了采访对象的认可，更得到了观众的赞许。闾丘露薇对他油然产生了敬佩之情。

2006 年 4 月，二人举行了一个小型婚礼。闾丘露薇神情笃定地说：“我找到了最适合我的人，找到了可以彼此理解并共度余生的伴侣。”

这不是闫丘露薇的第一次爱情，也不是她的第一次婚姻。但正是因为她对爱情坚守，用心对待每一次爱情，最终才获得了幸福。她说：“好的婚姻对女人来说真的太重要了，不管职场上有多少难关和压力，有了幸福的家庭，你心里始终是踏实而有力量的。我很感谢自己过往孤单岁月里的坚持，感谢自己始终相信爱情。生活，以我最想要的方式回报了我。”

无论你遇见谁，他都是你生命里该出现的人，绝非偶然。他一定会教会你一些什么。喜欢你的人给了你温暖和勇气；你喜欢的人让你学会了爱和自持；你不喜欢的人教会了你宽容和尊重。没有人是无缘无故出现在你生命里的，每一个人的出现都是缘分，都值得我们去感恩和珍惜。

茫茫人海中找到一个心爱的人，这是多么大的福气，或许没有你想象的那么好，但应该也不会糟糕到哪里去，所以我们要知福、惜福、好好珍惜，多说关怀话，少说责备话。如果懂得珍惜，你会发现自己获得的越来越多。爱情不仅会为你的生活锦上添花，也会让你变成一个温暖幸福的女人。

你对待工作的态度，决定了你的气质

稻盛和夫在他的著作《活法》中说：“人哪里需要远离凡尘？工作场所就是修炼精神的最佳场所，工作本身就是一种修行。只要每天确实努力工作，培养崇高的人格，美好人生也将唾手可得。”

董卿一直非常认真地对待自己的工作。无论主持什么节目，她都兢兢业业、一丝不苟。对于《中国诗词大会》，她同样如此。诗词大会幕后的工作人员曾说：“在主持《中国诗词大会》这档节目时，她的背包里始终备着《新华字典》。她趁着每次化妆的时候翻阅字典，对生僻字认真标注，反复仔细地准备稿子，这都是极其常见的事情。”

至于为什么要如此细致，董卿说：“每次都字斟句酌，就是希望自己能够在主持的过程中言之有物，希望能够在节目中将情感和思想用自己的语言恰到好处地表达出来，而后再自然顺畅地告诉观众，让观众有身临其境的感觉。”

“所谓态度决定一切，世上的事就怕‘认真’二字，当你用对电视节目、对观众负责的认真态度去完成一件事情的时候，你就会有无限的能量去发挥你的主观能动性。”将日常琐碎的工作视为自己一生的事业，将自己拥有的潜能发挥到极点，这会实实在在影响我们的人格和气质。

有些女人总是抱怨自己的工作枯燥无聊，甚至退了休还抱怨不止，她们的脸上时刻呈现黯淡无光、疲惫不堪的样子。而另一些女人则表现得精神十足，不把工作当成一件不得不去做的事情，把工作中的每一件小事做好，这是对自己，也是对生活的一种忠诚。这样的女人自然气质出众、光芒万丈。

14岁那年，还在读高中的伊万卡开始接触时尚界，在一家模特公司找到了一份兼职工作。到伊万卡16岁时，她凭借自己敬业的工作态度感动了公司高层，公司开始对她进行包装，当然，清新的形象和火辣的身材是她天生的优势。从此，伊万卡频频出现在世界级的著名时装杂志上，甚至成了封面女郎，1997年，她还主持了美国妙龄小姐选美比赛节目。

高中毕业后的伊万卡进入著名的沃顿商学院深造，然而，大学毕业后，她并没有进入家族公司工作，而是到一家纽约的地产公司兢兢业业地从最底层开始锻炼。直到2006年她才开始加盟家族企业，最终成为公司的副总裁。或许有人质疑，在父亲的公司上班，升职不是很快的事情吗？事实上伊万卡是个十足的工作狂，就算是在怀孕期间，她也每天工作16个小时，正是这份从小培养起来的敬业精神成就了这个80后女总裁。

试着与你的工作谈一场优质的恋爱，你会发现你的人生会发出前所未有的灿烂光彩。当你死心塌地地热爱你所做的工作时，工作就不再是一份苦差事，工作就变成了一种乐趣。

一个刚大学毕业的女孩在单位办公室做秘书工作，工资并不是很高，而且常受着来自上面和下面的夹板气，那份工作与她的才华并不相称。尽管如此，她对工作仍是兢兢业业、尽职尽责。她的口头禅是："我需要一份工作，而且工作对我来说是一种快乐，我怎能不热爱它呢？"

把工作当作一种快乐，立刻就有一种浓浓的感情显现出来，细细想确实如此。

工作能使人感到充实，感到快活。每天按时起床、上下班、睡觉，生活有章可循，较有规律，而一旦打破这些规律，就会使人觉得不适应，甚至还会危害健康。一位曾经下岗又重新上岗的工人说："我喜欢上班时的那种踏实，它使心脏跳得比原先平稳。"工作最重要的就是让我们感到自己的价值得以实现，让我们觉得无比坦然。

海伦·沃尔顿曾告诉年轻人：无论你多么贫穷，或多么富有，都需要工作。如果你不想把工作变成一种负担，那么，请热爱自己的工作。成功女性工作都很努力，是因为她们真正在享受工作。她们有一种非常巧妙的调节能力，时常能将单调而辛苦的工作变成单纯的喜悦。纪伯伦认为，带着爱工作，就是"将你灵魂的气息注入你的所有制品"。

所以，我们应该以谈恋爱的心情面对工作，不仅要选择自己的所爱，忠于自己的选择，还要在漫漫爱情路上费心经营，这样的爱情才能长久，这样才会在工作中有所收获。愿我们都能在工作这场修行中灵魂挺拔、魅力四射。

你有你的力量，不要让外界的评价影响你的心

成功学大师卡耐基说过，人最大的弱点，就是太看重别人的看法和反应，顾虑重重，将本来挺简单的事情倒办得复杂化了。一个人想主宰自己的人生，就要坚持走自己的路，做自己的事，活出自己的幸福人生。

刚进入浙江省艺术学院读书的董卿，曾经非常不自信。在上形体课的时候，老师对她说："你看上去挺修长的，动作怎么这么僵？"董卿害羞地低下了头。她看到同学们的动作都非常优美，而自己却连劈叉都不会。她的内心非常矛盾。

她也曾想，自己是不是也该像同学们一样，专心练习形体。但是经过了一番深思熟虑后，她决定不能这样，自己最擅长的是文化课，还是要认真读书，别人怎么说都不重要。

过了半年，董卿才开始崭露头角，她不仅文化课名列前茅，形体和台词也逐渐好起来。她听从了自己的内心，最终用自己的力量换得了想要的一切，而不是在别人的评价里失去自我。

歌德曾说："每个人都应该坚持走为自己开辟的道路，不被流言吓倒，不受他人的观点牵制。"一个独立有气质的女人最可贵的地方莫过于坚持自己的看法，而不是盲目从众，以致在人生道路上迷失了方向。

生活中大多数女人往往会因周围人对自己的看法而影响情绪。而且，生活中总是不缺少喜欢品头论足、好为人师的人。你穿了一件新款式的衣服，她说面料太差了；你没日没夜地辛苦工作，她说你是故意做给上司看；你设计了一个新的产品创意，她说好像在哪里见过……

在人生的旅途中，每个人都会遭到别人的非议和异样的眼光，这时候，我们难免会因此感到气愤。但千万不要真生气，你的愤怒只会让那些喜欢品头论足的人更加兴奋。记住但丁的名言：走自己的路，让别人去说吧。它告诉我们，别太在意别人的看法，有些事不要放在心上，更不能为之斤斤计较。这样，才能让自己保持一个平和、宁静的心态。

美国著名女演员索尼娅·斯米茨的童年是在加拿大渥太华郊外的一个奶牛场里度过的。索尼娅上小学的时候，有一天她哭着回家了，父亲问她原因，她断断续续地说："班里一个女生说我长得很丑，还说我跑步的姿势很难看。"父亲听后，只是微笑。忽然他说："我能摸得着咱家天花板。"正在哭泣的索尼娅止住了哭声，仰头看了看天花板，将近四米高的天花板，父亲能摸到？她怎么也不相信。父亲笑笑，得意地说："不信吧？那你也别信那女孩的话，因为有些人说的并不是事实。"索尼娅就这样明白了，不能太在意别人说什么，要自己拿主意。

她在二十四五岁的时候，已是个颇有名气的演员了。有一次，她要去参加一个集会，但经纪人告诉她，因为天气不好，只有很少人参加这次集会，会场的气氛有些冷清。经纪人的意思是，索尼娅刚出名，应该把时间花在一些大型的活动上，以提高自身的名气。但是索尼娅坚持要参加这个集会，因为她在报刊上承诺过要参加，"我一定要兑现诺言"。结果，那次集会因为有索尼娅的参加，观众越来越多，她的名气和人气也因此骤升。

每个人都难免会有从众心理，我们常常会为了面子而依附于他人的思想和认知，从而失去了独立的判断。有时，他人的意见可以作为我们自己行为的镜子，我们可以根据别人的建议校正自己的人生目标，但是如果我们老是被他人的看法左右，就会活在别人的目光和言论中，缺乏主见，找不到正确的航向，自然也到不了自己想去的彼岸。

要想自己的心情不被别人左右，不活在别人的看法中，我们就要先从重新认知自己开始，把自己的长处和优点罗列出来，多想想自己做得好的地方，记住：好与不好完全是自己的判断，不用太关注别人的看法，因为每个人都没有你自己更了解自己，而且因为关注的角度和目的等不同，当然评价也不尽相同。让所有人都说你好话很难也很累，只要你按照自己的原则，根据自己的价值观和人生观去做事儿，那样就会活出自己精彩的人生。

把关注别人的眼光转过来关注自己。如果觉得自己还不够完美，那就多看书、多学习、多丰富自己，那样自我感觉就很容易好起来，因为内心丰富了，就会有充实的感觉。一个内心强大的女人，才能真正无所畏惧。也只有内心强大，我们在生活中才会处之泰然，宠辱不惊，不论外界有多少诱惑多少挫折，都能心无旁骛，依然固守着内心那份坚定。

女人，别总想着在厨房寻找自己的价值

女人，想要别人高看你一眼，你必须具备能力，不断地提升自己的专业素养，让别人感受到你的价值，你的存在。女人并不只是在厨房寻找自己的价值，在工作中也应如此。当一个女人展露自己才华的时候，那种人人艳羡的目光就是一个女人有魅力、有气质的最好证明。

董卿从一名默默无闻的电视主持人，到成为央视主持当家花旦，其间经历了几次大的人生选择，在艰难的选择中，也有过低谷的时候，但是她一直在坚持。善于学习的董卿，一直在追求自己的完美事业。从普通院校的大学生，到后来到上戏深造，到华东师大深造，又到上戏读硕，然后在事业最成功的时候，她又做出了人生重大的选择，就是到海外深造。她曾告诫女人，不要只在厨房中寻找价值，追求事业的女人才是最美的。

有人说，“董卿的成长故事就是一部厚重的励志书，而这本书一定会是央视主持人书中最富有激励作用，并且能够取得更大的社会效益和社会价值的书。”它使很多在事业上徘徊、迷茫的女人都有所感悟。

在职场或者在生活中，当被问到专业领域内的问题时，我们能够很专业地解答，这个时候我们就立即浑身闪亮，散发光芒。当然，如果一个女人总是围着锅台转，在其他人眼中，我们无非就是一个很好的家庭主妇，但是永远都是难登大雅之堂的女人。最精致的女人应该“上得厅堂，下得厨房”，所以，女人要让自己充满内涵，自己支配自己的生活，寻找自身的价值。

心理学家研究认为，女人若想展现自己的价值，必须注意三件事，其中最重要的一点就是有一份自己的事业。另外两件事分别是：学会合理地支配时间，有自己的人际交往圈子；学会控制自己，不能因工作紧张而产生沉重的心理压力。

拥有自己事业的女人思维更开阔、内心更丰盈，她们会不断地增加自己的知识量，永远自信、洒脱、自然，充满韵味。

婚后的林徽因并没有沦落为只关心柴米油盐的妻子，而是与丈夫一起共同追逐那未完成的梦想。在英国第一大教堂圣保罗大教堂，他们一起探讨着文艺复兴时期的建筑特质；在英国的海德公园水晶宫，他们辩论新式建筑的美学基础；在德国德绍市，他们一起参观了以培养建筑家而著称的包豪斯学院刚刚落成的校舍，并再一次受到了现代美的震撼。

林徽因将婚后的生活过得有声有色，不但没有因为婚姻和家庭而放弃自己的理想，而且还在建筑学上做出了一番成绩。其激昂的斗志也对梁思成以后在建筑史上所取得的成就起了巨大的推动作用。

有自己的追求，这是现代女性的一项独特魅力。但是过于贤惠的女性，为家全情付出，往往会忽视个人的追求和梦想，尤其是那些结了婚就放弃工作，回家当全职太太的女性，最后被丈夫抛弃的比比皆是。

一个只会在厨房里做饭的女人的确会抓住男人的胃，但是在吃饭以外的生活中，如何让男人觉得你气质迷人，觉得你像一部永远读不完的书，这才是女人要努力的地方！

如果说什么东西能够使女人的脸永葆光泽，那么“梦想”便是这独一无二的珍品。一个有梦想的女人，她的生活将会是丰富的，她的思想也将会是饱满的，她的人生也将与众不同。

林语堂曾经这样描述梦想与追求：“梦想无论怎样模糊，总潜伏在我们心底，使我们的心境永远得不到宁静，直到这些梦想成为现实才止；像种子在地下一样，一定要萌芽滋长，伸出地面来，寻找阳光。”人活着，必须有自己的追求，这样才不会在路上迷失。

一个女人如果不想让时间的尘埃成为遮挡自己光芒四射的障碍，那么请一定要珍视自己的梦想，任何时候都不要随意丢弃它。

你是谁就会遇见谁：你若盛开，清风自来

著名女作家三毛在随笔中写道："岁月极美，在于它必然的流逝。春花，秋月，夏日，冬雪。你若盛开，清风自来。"女孩子只有优秀了，才能吸引优秀的人。你是谁，就会遇见谁。

当你抱怨自己的社交圈子太窄，缺乏进入上层圈子的机会时，其实不是上天不公，而是你本身不够优秀。只有在你们具有对等的价值资源的时候，才有可能成为朋友。做一个优秀的女人，丰富自己的修养和内涵，才能成为更好的自己。

自《挑战不可能》节目播出以来，董卿温柔体贴又真性情的评委形象大受好评，面对别人问自己的"未来的职业规划"，董卿沉吟了一下说："职业规划可能会有一些，可是这个规划有时候可能要看机遇。现在的我也在渴望一个更好的节目形态、节目样式，可以让我以更好的面貌与观众见面。"

在很多人的眼中，董卿已经非常优秀了，甚至她已经成为很多同行的榜样。而董卿却说："名气啊，别人也说你都已经很有名了，保持现状可能大家也都认可你、喜欢你，可是我总觉得正因为大家认可你、喜欢你，你就更应该做得更好一些，不要辜负了那些一直关注你的人。我想是不是可以有更好的节目形态啊，

或者一个更好的董卿的样子，让大家也觉得这十年这二十年我一直在努力，一直在变化，一直在进步。”

只有不断地学习、累积、沉淀，才能进步。比我们优秀的人比我们更努力，我们更要抓紧时间奔跑。只有足够努力，我们才能得到自己想要的一切。

一篇文章里这样写道：“女孩子，一定要好好读书，无论专科还是本科，选个好就业的专业或你喜爱的专业，将来拥有一份体面的工作。这样，将来你若爱上一个优秀的男孩，你可以体体面面嫁给他，他的父母会尊重你，待你如珠如宝。谁说女孩工作不重要，嫁个好老公就够了？你必须足够优秀，优秀得可以和优秀的男人般配。”你若是一朵花，盛开时自会蝴蝶阵阵。

林徽因虽然穿着窄身旗袍，体弱多病，但她爬起古建筑穹顶来不在话下。金岳霖到他们家去，看见林徽因和梁思成爬在自家屋顶上，为野外测绘练基本功，老金当即作了一首藏头诗：梁上君子，林下美人。这首藏头诗嵌了他们夫妇二人的姓氏，上句打趣梁思成，下句奉承林徽因。梁思成很高兴，林徽因却不以为然：“真讨厌，什么美人不美人的，好像一个女人就没有什么事可做，只配做摆设似的！”

林徽因当然不是摆设，在她家客厅的著名沙龙里，任何谈笑有鸿儒的对话，她都是当仁不让的主角，即使重病中还躺在沙发上跟客人们大谈诗歌与哲学。曾经的沙龙客之一萧乾回忆说：“林徽因是美貌的，她又有才华，她的诗歌、小说、散文、戏剧、绘画，包括建筑史科学，可以说都取得了比较高的成就。另外她有一个优秀的朋友圈子，有一个爱她的丈夫。”

正是由于林徽因卓尔不凡的才华，才吸引了众多志同道合的朋友，一起创造了“太太客厅”的辉煌。

越优秀，你的品位越高，气质越优雅，这是一种时间打不败的美丽。作家黄明坚有一句话，“女人是一种指标，如果女人都散发出品位，社会自然成为泱泱大国”。

优秀的女人爱读书，文字之于她们，不是浮华的云裳羽衣。她们可以让自己在文字中美丽。经典的书籍能让女人洞察世事，使女人与众不同。她们的身上会呈现出一种高雅，一种“可远观而不可亵玩”的清冽。腹有诗书的女人，历久弥新，回味悠长，是最美的女人。

优秀的女人会在假日悠闲的午后，沏一壶绿茶，闭上眼睛，走入音乐的世界。想象自己正漫步在斜阳下的山坡上，沐浴着清香的微风；或是静坐在斜阳西照的花园里，回想往事……经典音乐，使人醍醐灌顶，一切浮躁都变得云淡风轻。

“偷得浮生半日闲”，优秀的女人学习茶道，用自己的悟性去贴近它、理解它。好茶一壶，能让女人的心更加宁静，散发柔美内涵和女人独有的味道。闲暇之余，约两三知己，品一壶香茗，促膝清谈，只谈风月，无关名利，享受这滚滚红尘里片刻的柔软时光。

成为像董卿一样更好的人吧，你若盛开，清风自来。

感恩所有遇见，让内心明媚温暖

《诗经·大雅》中说："投我以桃，报之以李。"中国自古以来就有"鸦有反哺之义，羊知跪乳之恩""滴水之恩，当涌泉相报"的说法，我们每个人都应该学会感恩，这是一个人最基本的道德修养，更是一个女人感到幸福的源泉。

美国潜能开发大师安东尼·罗宾说："成功的第一步就是先存有一颗感恩的心，时时对自己的现状心存感激，同时也要对别人为你所做的一切怀有敬意和感恩之情。"

董卿因一期《我要上春晚》录制得不理想而自我检讨许久，因为她认为"等到别人都觉得你有问题的时候，就来不及了"。董卿说，自己对舞台和观众一直心存感恩，之所以要坚守这份认真与苛刻，"只因太害怕辜负了观众，辜负了这个舞台"。为了"不辜负"这个舞台，她时刻做着准备，"一个是长期的准备，比如看书读报，积累知识，使自己成为一个品格和趣味高尚的人；一个是短期准备，就是在接到任务后拼尽全力"。她渴望能带给观众一些启示，能说出一两句话在观众心里长久停留。

如果我们时时能用感恩的心来看这个世界，则会觉得这个世界很可爱、很富有！树上小鸟的轻唱，太阳无私的光照与热量，路旁花朵的芬芳，都会令我们感到心旷神怡。

世界科学巨匠霍金说：“我的手还能活动，我的大脑还能思维，我有终生追求的理想，我有爱我和我爱着的亲人与朋友，对了，我还有一颗感恩的心……”谁能想到这段豁达而美妙的文字，竟出自一位在轮椅上生活了三十余年的人，他该有多么伟大啊！

英国哲学家洛克说：“感恩是精神上的一种宝藏。”感恩是美德中最微小的，也是最伟大的。感恩让一个人的灵魂更加健康。学会感恩，感谢那些陪伴你走过失落日子的人；感谢那些在你无聊的时候，听你说废话的人；感谢在你无助的时候帮了你的人；感谢所有路过你生命的人，因为有了他们，你的生活才更加丰富多彩。

作为一档记录“一个人和他的时代”的周播电视节目，《杨澜访谈录》于2015年12月7日至9日在北京尤伦斯艺术中心举办为期3天的15周年特展。以“触摸Touch”为主题，回顾了节目走过的15年历程。谈及这15年，杨澜表示极有意义。2001年和2015年，她两次代表北京做申奥陈述，15年中，每个人都发生了很大的变化，也见证了中国和世界的改变。

杨澜说，节目之所以成功，很大程度上离不开她的家人的支持。她非常感激自己的家人。

由于工作忙碌，在家庭生活上，父母和丈夫的理解也让杨澜十分感恩。“出差时我父母帮我接孩子放学，督促他们养成很好的习惯，两个孩子也很争气，小学之后都是独立完成自己的学业，不用我操心。而且我先生居然会容忍一个一个月差不多有7天在出差的太太，从来不做饭，经常他需要的时候我还在外面工作，他还真挺了不起的。”杨澜表示，2015年正好是跟丈夫结婚20周年。“那天我跟他说谢谢你担待了这么多年，马克·吐温写的一句话特别好：爱情是快速奔跑，婚姻是慢慢成长。”

在我们的一生中，一直都在接受着各种恩惠，从我们出生的那一刻起，就接受了父母的生育之恩，而伴随着我们的成长，父母不断付出了养育之恩；等到上了学，我们又领受了老师的教育之恩；进入岗位，又有领导、同事的关怀之恩；而在生活中我们遇到危难的时刻，有朋友会伸出援助之手，帮我们摆脱困境，这点点滴滴的恩情终将汇成感恩的长河，在我们的一生中奔流不息。

因为感恩，我们的社会才如此的和谐；因为感恩，我们的生活才如此充满温情，如此温暖人心。而做一个懂得感恩的女人，才能将浓浓的亲情、纯真的友情、真挚的爱情诠释得更加完美和淋漓尽致，才能真正地与快乐相伴，与幸福同行。

一个懂得感恩的女人，虽然未必有能力获得成功，但是一个成功的女人，一定具备这种品质。因为心存感恩，她会自觉自愿地帮助别人，以助人为乐，无论她在哪里大家都会乐意同她相处、交往。懂得感恩的女人，心胸必是坦荡宽广的，她的豁达会将世间的冷漠、黑暗、残酷驱走，她的乐观会将爱心和感动持久传递，让生活充满阳光，让世界充满温情。

只有充满了感恩，我们的内心才会明媚、温暖、幸福、快乐！

第二章

美丽有质，唯有才情能打败岁月

才情，是女人永不过时的衣裳

女人可以不美丽，但是不能没有才情，因为，才情可以重塑美丽，可以让美丽长驻，可以使美丽拥有气质的内涵。

有才情的女人，总有一种独特的风韵，超凡的灵性和一种极致的美。这样的女人，书卷中透着点点妩媚，纯净中闪耀着智慧的火花，温柔里点缀着不屈的灵魂。

撒切尔夫人曾说："一个优秀的女人，往往不会将自己局限在某个领域里，她们总是在各个领域同样出彩。"

董卿从小就多才多艺，演讲、唱歌、跳舞、写作样样精通。成为主持人后的董卿，不仅善于主持各种综艺节目，而且还在节目中演唱过歌曲和演出过小品，展示了自身的多种艺术才华。担任央视春晚主持人以来，董卿也时常参与节目表演。当年为魔术师刘谦充当助手，为春晚增加了不少看点。

琴棋书画样样喜爱的董卿，经常在节目现场大展书法，大放异彩。她的字像她的人一样，沉稳而不张扬。除了书法和绘画，董卿对音乐也有自己独特的见解。她主持的《欢乐中国行》节目，就是由她担任主唱演唱其节目主题曲。在沪上的某个活动现场，主角因为有事耽搁了，让观众苦等了20多分钟。为了圆场，作为现场主持人的董卿临时救场，为观众清唱了一首《但愿人长久》。虽然不是专业歌手，但是董卿优美动听的歌声让现场观众欢呼不已。

所有读过的书，看过的诗，念过的词，都会写进我们的气质里，藏进我们的灵魂里，变成眼底的清风朗月，变成心中的星辰大海。能成为董卿这样的人，真好。

“才情是穿不破的衣裳。”这里的“衣裳”既与风度美息息相关，更与知识内涵分不开，女人最漂亮的“衣裳”是那件外表靓丽且质地优良的才情“外衣”。

引人注目的容颜和赏心悦目的身材，只是年轻时候的资本；聪明机智的头脑和学而不倦的热情，才是女人真正的无价之宝。美貌会随着时光的流逝而渐渐消逝，而女人内在的才情却能够与时俱进，历久弥新。爱读书、爱思考、爱艺术，生活乐观、心地善良、为人豁达是才情女人不可或缺的基本素养。

胡适曾说：“陆小曼是一道不可不看的风景。”刘海粟说她“美艳绝伦，光彩照人”。连同行的女人都赞不绝口，徐志摩的前妻张幼仪也不得不承认陆小曼是个天生的美人胚子。

除了姣好的容貌，陆小曼的才情也不可小觑。她精通英文、法文，写得一手好文章。对外交际上，陆小曼游刃有余，三年的外交翻译生涯中，屡屡显出她机警、爱国的一面。她还能写一手蝇头小楷，能唱歌能演戏，可谓是真正的多才多艺、有容有貌的大家闺秀。

在绘画方面，陆小曼的造诣颇深。在20年代初，她拜刘海粟为师，开始学习绘画。认真学过一阵子后，由于悟性高，她很快掌握了细笔工整密体的画法。她还临摹了宋代院体画、明仇英的人物画、清沈铨的花鸟走兽画等，颇得神韵。

1931年底，徐志摩飞机失事后，陆小曼痛定思痛之余，拜贺天健为师学习山水，拜陈半丁为师学习花鸟，一改过去慵懒习惯。她卧薪尝胆，专心画画，10年后，终于举办了个人画展。展出作品达100多件，好评如潮。

有才情的女人气质优雅，睿智豁达，待人接物落落大方；有才情的女人时尚靓丽，令人赏心悦目，是职场中一道亮丽的风景；有才情的女人聪明能干，朴实无华，她们既懂得尊重别人，同时也爱惜自己；有才情的女人积极进取，乐观向上，为人处世外柔内刚。

一个真正有才情的女人是灵性与弹性的结合，她们既有“知识女性”的大气，又有平凡女人的温婉；既有职场女性的干练，又有普通女人的细腻。她们不仅能够征服男人，也能够吸引女人。

做一位有才情的女人应该具备几种素质。

突出的个性：女性的美貌往往具有最直接的吸引力，而真正能够长久地吸引他人的却是才女们的性格特质，即便不美也可以因为活泼而变得可爱，因为可爱而变得美丽。

丰富的内心：丰富的知识与宽广的胸怀使才女的魅力大放光彩，由于见多识广，眼界开阔，她们有自己的爱好和追求，不会随波逐流，人云亦云。

高雅的情趣：高雅的情趣让才女们在生活中尽显才华，读书、听音乐、健身、美食、旅游，甚至与人交流等，都能使婚后枯燥的生活充满迷人的色彩。

高尚的品德：对长者尊敬，对同辈谦和，对幼者爱护，这些都是一个知识女性应该具备的传统美德，才女们不仅牢记在心，而且能够保持永久。

做一个有才情的女人，喜欢读书写作，喜欢听音乐赏美景，才思敏捷，举止得体，优雅大方。这种美丽，像是一阵幽香，淡淡的，却让人沉醉其中。

钟情诗词的女人，具有古典美

中华文化里的古典诗词是中国古代文学艺术的精髓，其用寥寥数语就勾勒出一幅美得让人窒息的画面。诗词的美将喜欢诗词的女子也晕染得别有韵味和风情。“腹有诗书气自华，最美不过董卿”，这是看过《中国诗词大会》的观众们对董卿的评价。就连节目中的选手都引用起诗句来夸赞董卿，“美人当以玉为骨，雪为肤，芙蓉为面，杨柳为姿。”

节目中的董卿落落大方，眼角眉梢带着盈盈笑意，各种诗词信手拈来，还特别的应景。她化身为一个古典美女，引领我们徜徉在浩瀚无边的诗词海洋，嗅闻淡淡幽香。

《中国诗词大会》有一期节目中提到了乡愁，董卿便想起了杜甫的一首诗，“其中有两句是这样的，‘露从今夜白，月是故乡明’。我们每个人都有自己的故乡，有自己的乡愁，也都有值得自己追忆和怀念的地方”。光背前半部分诗句，也许大多数人都会，而接下来的发挥考的就是主持人的功力了。

还有一期，一位孩童清脆地唱起《春夜喜雨》，父亲轻轻地和着，董卿被这一幕感动，眼睛里闪着泪花，随口念出了叶赛宁的《我记得》，“当时的我是何等温柔，我把花瓣撒在你的发间，当你离开，我的心不会变凉，想起你，就如同读到最心爱的文字，那般欢畅。”从中我们领略到的是董卿强大的诗词库存储量。

中国诗词文化博大精深，文字简洁却意境深远，让人沉醉。如：

曾经沧海难为水，除却巫山不是云。——元稹的《离思五首》

两情若是久长时，又岂在朝朝暮暮。——秦观的《鹊桥仙》

人生若只如初见，何事秋风悲画扇。——纳兰容若的《木兰词》

诗词用词都非常精准和优雅，用寥寥几十个字就描写出了事、物或者人。人们在阅读的时候更容易也更愿意记住，慢慢回味这一小段文字，不自主地就让自己融入优美、令人陶醉的意境中，感受唐时的风轻轻拂动，聆听宋时的雨缓缓飘落。

美是动态的，是会传染的，美丽的诗词潜移默化地影响着女人的精神世界。女孩子读点诗词，时间长了气质就会改变。长期在诗词熏陶下的女人，会变得更喜欢思考，从而由此及彼对自己进行“完美”，久而久之，她的气息和言谈举止都会改变，从内而外地散发出带有书卷气的美。

有人形容《中国诗词大会》上的董卿：“一颦一笑，一字一句，都散发着魅力。”和她有着同样美好品性的佳人虽不多，却也照亮了中国具有几千年历史文化的夜空，成为一颗颗闪亮璀璨的星。才女林徽因就是其中一颗。

林徽因的父亲谈及女儿时说过，林徽因的博闻强记令人惊异，无论是济慈、雪莱，还是勃朗宁、叶赛宁、裴多菲、惠特曼……在以林家为中心的小文坛上，如果有谁记不住、背不出的诗句，林徽因都能准确无误地背出来。当她用英文朗读诺贝尔奖获得者、爱尔兰诗人叶芝的《当你老了》这首诗时，在座的陈岱孙、金岳霖都被感动得泪流满面，由此可见林徽因广泛的阅读量，也足见其才情。

日常生活中的林徽因非常喜欢安静，因为往往只有在这个时候，她才觉得自己真正沉浸到书海中去，能够静下心来细细品读周遭曼妙的人生。闲暇之时，她曾在书中写道：“看着阳光洁净地映在书桌上时，我感到桌面上平铺着一种恬静，一种精神上的豪兴，情趣上的闲逸；即或所谓‘窗明几净’，那里默守着神秘的期待，漾开诗的气氛。”

想象一下吧，一个身段婀娜的女子身束罗裙，手捧诗书，任由唐诗的芬芳渲染了头上的晴空，宋词的花海醺醉纷扰的心田。一种“垂柳丝，花枝满庭蝴蝶花”的婉约高雅气息迎面扑来。她是初春，挽清香、约芬芳，携温润、秀春色。她的美是柔和的，似水、如花，细腻、精致，是穿梭在疲惫世界里的一份清凉。

不读书就像没有吃饱饭一样，精神上是饥饿的

董卿曾说，主持人是文人，不是演员，不读书就像没有吃饱饭一样，精神上是饥饿的。“我始终相信我读过的所有书都不会白读，它总会在未来日子的某一个场合帮助我表现得更出色。读书是可以给人以力量的，它更能给人快乐。”

《中国诗词大会》后，很多人纷纷赞叹：“原来你是这样的董卿。”这样的董卿知性、优雅、极具丰富的内涵和高贵的气质。

董卿在舞台上的举止谈吐离不开她热爱读书的习惯，董卿曾说：“假如我几天不读书，我会感觉像一个人几天不洗澡那样难受。”即便工作再忙，董卿每天都会保证一个小时的阅读时间，直到今天也是如此。

有人问董卿，如果让你只带3件东西在荒岛上生存，你会带什么。董卿回答：“一是书；二是一粒种子，‘在上面生根发芽，让我看到希望存在’；三是男人，‘带一个爱人过去，生活中不能没有这些’。”她把书放在第一位，可见，书在董卿骨子里的分量。

早在中学时期，董卿就开始三五天读一本名著。每年寒暑假，董卿的母亲都会给她开列书单，基本都是《红楼梦》《基度山伯爵》《简·爱》《茶花女》等

国内外名著。

有时董卿读书实在太快，心存疑虑的母亲还会抽查一下，找出名著中的某一章节，让董卿罗列其中的人物关系，以强记为特长的她总能对答如流。

在董卿看来，正是这种教育方式让她学会用书来充实自己，董卿说从小父母亲就非常注重对她个人内涵、学识的培养，让她养成了阅读的好习惯。

即使现在的工作非常忙，董卿也不忘抽出时间阅读。她说："阅读是我睡前的必修课。我必须有自己的空间。我养成了自己的作息规律。每天都是十一二点才结束工作回家，然后上网浏览新闻，大事小事轶闻趣谈。到了一两点，心静下来，便是我的阅读时间，总有一两个小时，而睡觉的时间就要到凌晨三四点，这是我的生物钟。"

董卿不仅喜欢阅读，还有摘录的习惯。在董卿粉丝论坛里记录着她的摘抄分享：

世界上有那么多城市，城市中有那么多酒馆，而她却偏偏走进了我的。——选自电影《卡萨布兰卡》

You had me at "hello"。当你说"你好"的那一刻起就拥有我了。——选自电影《甜心先生》

回首向来萧瑟处，归去，也无风雨也无晴。——摘自苏轼《定风波·三月七日》

女人的气质里，藏着她读过的书和走过的路。爱读书的女人，不管走到哪里都是一道美丽的风景线。她可能貌不惊人，但她有一种内在的气质：优雅的谈吐超凡脱俗，清丽的仪态无须修饰，那是静的凝重，动的优雅；那是坐的端庄，行的洒脱，那是天然的质朴与含蓄混合在一起，像水一样柔软，像风一样迷人，像花一样绚丽……

跟她说话总能使人神清气爽，俗气全无；跟她交往常使人了无城府，阳光灿烂。的确，一个女人，在读过足够的好书之后，会变得很优秀，因为书给了她底气，熏陶了她至真、至美、至纯的情感，使她变得温文娴雅，善解人意，充满书卷气息。

著名女作家三毛说：“读书多了，容颜自然改变，许多时候，自己可能以为许多看过的书籍都成过眼烟云，不复记忆，其实它们仍是潜在气质里、在谈吐上、在胸襟的无涯，当然也可能显露在生活和文字中。”

“民国才女”张爱玲不仅“嗜书如命”，而且据说5岁就开始读《红楼梦》，至老不辍。晚年之时，竟拿出10年的时间，广泛阅读《红楼梦》的各种版本，以及相关论著，终成《红楼梦魇》一书。这也是张爱玲一生唯一的一本学术论著。因为喜欢《红楼梦》，她甚至感叹自己不能与曹雪芹生在同一时代，因此不能一睹他的风采或一听他的高论。

张爱玲虽然“嗜书如命”，但她的阅读面并不是很广，在阅读方面，她“也随和也挑剔”，所以，许多名著她并不熟悉。据庄信正在他与张爱玲的通信集中说：“一九六三年张爱玲为香港电懋公司把《呼啸山庄》改编为电影剧本《魂归离恨天》，但张爱玲却坦承从未读过这本名著，而只是看过电影和舞台剧本。张爱玲的美国丈夫赖雅，与乔伊斯是好朋友，他向张爱玲极力推荐乔伊斯的作品，她却从来不读。甚至于，张爱玲曾经在给朱西宁的信中说，她连自己的丈夫赖雅的作品都不看。”

正是这种“特别”的阅读习惯令张爱玲成为一名才情傲人的传奇女子。书让女人变得聪慧，变得坚韧，变得成熟，使女人懂得包装外表固然重要，而更重要的是心灵的滋润。“和书籍生活在一起，永远不会叹息。”罗曼·罗兰如是劝导女人。

著名女作家毕淑敏说：“日子一天一天地走，书要一页一页地读。清风朗月水滴石穿，一年几年一辈子地读下去。书就像微波，从内到外震荡着我们的心，徐徐地加热，精神分子的结构就改变了、成熟了，书的效力就凸显出来了。”

多读些书，读些好书，知识是唯一的美容佳品，书是女人气质的时装，书会让女人保持永恒的美丽。

内外兼修，未来的你一定喜欢现在读书的自己

女人不仅要学会用清新淡雅的妆容、优雅得体的服饰展示自己，更要学会用知识来装扮自己。知识是女人的一种特殊而又高贵的美容品。有知识的女人通达、博学、独立、多思和智慧，秀外慧中，光彩照人。

如果把主持人的素质结构比成一座金字塔的话，那么“完善的知识结构”就是它的塔基。塔基如果不牢，就会有坍塌的危险。主持人若没有深厚的知识底蕴，就容易流于肤浅，其主持也就成为无源之水、无本之木；反之，就会如鱼得水、如虎添翼。在节目中，董卿丰富的知识涵养为她的主持增色不少，同时也为整个节目添色不少。

董卿经常对自己说：“一个人不能光着眼于现在，作为一个称职的节目主持人，外在的东西很快就会成为过眼云烟；现在的观众越来越偏爱智慧型的、知识型的节目主持人，而这一切不是凭先天就能得到的。”

尽管已经取得了令人瞩目的成绩，董卿并没有被突如其来的荣誉冲昏头脑，她很清醒，没忘记自己今天的成就是通过怎样的努力获得的，也没忘记继续充电、读书。

从2014年4月到2015年7月的一年多时间，董卿暂离央视，她以美国南加州大学访问学者的身份，去美国学习深造。对于董卿暂时放下话筒去海外深造的决定，倪萍表示："这的确挺像她做的事，过去十年她将所有的精力、智慧和时间都给了这份工作，从她台上的表现可以看出，不费功夫是做不成那样的。这么大的舞台，能让这么多人信服和喜欢特别不容易。观众已经觉得她非常好了，但是她心中有更高的目标，希望更好，再回来的董卿可能就是'董卿'的'董卿'。"

常言道：坐拥书城铸内秀。爱学习、会读书的女性才是真正有魅力的女人。一个女人拥有美貌会是做事情的捷径，但拥有学识却是为你所憧憬的目标的实现奠定了基础。

如果上帝给了你一张美丽的面孔，那等于为你披上了一件漂亮的外套。虽然它能帮助你通过人生的很多道关卡，但是这并不代表你可以依赖它一辈子。再美丽的容颜也会随着时间的流逝渐渐衰老，而富有内涵的灵魂却永不会褪色，时时刻刻散发着馨香。

做一个智慧的女人，通过读书丰富自己的心灵和素养，观察世界，体察人情，你就能获得改变自己命运的内在力量，才能以智慧之美永远美丽。

宋庆龄在美国留学期间，有一次，班里讨论历史方面的问题，一位美国学生站起来发言。他说："我认为，历史的发展是难以估计的，你们看，那些所谓文明古国，譬如亚洲的中国，已经被历史淘汰了。人民的希望在欧洲、在美洲。在我们这里。"这时，坐在前排的宋庆龄双眉紧蹙，等那位同学讲完后，宋庆龄就激动地站了起来。

她声音坚定地说："历史确实是在不断变化的，但它永远属于亿万大众。具有五千年文明历史的中国，没有被淘汰，也不可能被淘汰。有人说中国像一头沉睡的狮子，但它决不会永远地沉睡下去。总会有一天，东亚睡狮的吼声将震动全世界！因为它有广阔的土地，勤劳的人民，悠久的历史，富饶的物产，有无数革命志士，为了它的振兴在进行着艰苦卓绝的斗争！”语毕，教室里响起了热烈的掌声。

能够说出如此充满力量的反驳话语，是宋庆龄勤奋刻苦地学习，培养良好的道德修养和时刻心系着祖国的结果。

唯学能改变气质。学习是女人一辈子的事。用知识促进内心的成熟，用知识剪裁魅力的衣裳，用知识铺垫幸福之路。能与书共同守候一份独有真诚，是好女人的品性，也是她的福分。

如果没有“一顾倾人城，再顾倾人国”之貌，也没有“回眸一笑百媚生，六宫粉黛无颜色”之姿，我们也可以通过修炼内在的涵养来弥补外表上的欠缺。毕竟，内外并存的美不是先天得来的，而是靠后天的努力修炼才能“成正果”。

善于修炼自己的女人，不只是通过读书来取得进步，她们会紧跟时代的进步，学习电脑知识，时刻关注新事物的诞生与发展；她们还会学习心理学，以便在生活中善于察言观色，营造更加和谐的人际关系；她们也会每天观看新闻，把握时代脉搏。

女人的美丽，需要一个慢慢修炼的过程。有内涵的女人，当然需要岁月的磨砺，在人生的种种境遇中，不断成熟、完善、光芒四射。

唯有内心高贵的女人才真正高贵

如果说漂亮女人是一道景致，那高贵女人就是万绿丛中一点红，她像沉香的酒，不只可以用来共赏，而且值得细品。高贵就是一种精神的内在升华，漂亮可以随手牵来，但一个高贵的品格却要经过由外而内的熏陶才能展现出来。高贵并非与生俱来，我们可以用后天的补拙来升华我们的灵魂。

对于我们中国人来说，2008 年的汶川地震可谓“国之大殇”。董卿应邀主持赈灾晚会。在晚会上，她全程表情凝重，多次落下了伤心的泪水。有人问她整场晚会下来有什么感受？她说：“你知道吗？ 12500 元就可以建一个教室，那么 50 万元就能有 40 个教室。我希望能筹到钱款，在汶川建起两所学校，让因地震而失学的孩子们能尽快回到课堂。学校建成了，我要亲自去那里，给孩子们上课，给他们讲故事，让他们忘记痛苦。地震太可怕了，他们的心理调适期或许很漫长，现在乃至以后，我们仍然有很多事情要为他们做。希望他们早日走出灾难的阴影。”

真正内心高贵的女人，她们的内心是充满爱的，她们不但学会了好好爱自己，还会爱她的父母、爱她的孩子、爱她身边的人以及陌生人，她们的爱是无私的，是不求回报的。因为有爱，她们的内心是充实的，因此她们也是快乐的、幸福的。

董卿说，从地震中她还学到了要珍惜生活，热爱生活，同时也要为他人付出，与大家分享你生活中的喜悦。在这个过程中，你能让别人感受到快乐，你自己也体验到愉悦。

真正内心高贵的女人是热爱生活的人。她们开朗、乐观、阳光、向上，就像向日葵一样，总把自己最美的一面面向阳光，与之交往，你也会变得阳光、快乐起来！

内心高贵的女人也是懂得生活的人。她们不但会工作、会赚钱，也会生活。要想让自己的生活过得丰富多彩，就要学会享受生活，每天出门前把自己打扮得漂漂亮亮的，把最靓丽的容颜展现给大家，偶尔也要去一去美容院、咖啡屋，吃吃西餐，听听轻音乐，练练瑜伽，出去旅旅游……尽情地享受生活的美好！

内心高贵的女人，一定是有气质的女人，她们的美丽不是名牌服饰的堆砌，更不是浓妆艳抹勾画出来的，她们的美丽不会因为时间的推移而变淡，相反会变得越来越有自己的魅力，她们有文化，有知识、有内涵、有素质，气质表现在一举手、一投足之间。

奥黛丽·赫本影响并改变了半个多世纪以来人类的审美与时尚潮流：有“时装圣经”之称的时装杂志《VOGUE》曾以29%的得票率，将她评为“世界时尚名人”第一名。其发言人称，人人都认为奥黛丽·赫本高贵而优雅，她的美丽永恒不变；提及时尚，人人都会立刻想起她。

她被认为是自然与美的化身，她的性情温和，微笑散发着独特的魅力。因此，时尚杂志《ELLE》也将赫本评选为“有史以来最美丽女人”第一名。

除了美貌，赫本为人低调友善，对待工作的敬业勤恳同样让人难忘。两度获得奥斯卡最佳导演奖项的比利·怀尔德曾言：“奥黛丽·赫本呈现的是一些消逝已久的特质。如高贵、优雅与礼仪……上帝都愿意轻吻她的脸颊。”

她带给世界的爱与感动并不仅限于自身的品行。晚年，赫本受邀出任联合国儿童基金会慈善大使，为第三世界的妇女与儿童争取权益。因此，她以非美国公民的身份，获得美国公民的最高荣誉“总统自由勋章”；联合国也在总部为她竖立起一座塑像，并命名为“奥黛丽精神”，她是唯一获此殊荣的人。听闻她死讯之时，伊丽莎白·泰勒伤感地说，天使回到了天国。由是，她被誉为“天使在人间”。

高贵是一种精神信仰，一个内心高贵的女人即使身处险境，也能从尘埃里开出花来。她绝不会因命运的践踏而枯萎。她们从容自信，端庄优雅，拥有一颗高洁的内心，她们把自己活成深埋于尘土里的种子，慢慢让自己发芽，开花，结果，美丽自己、服务他人。

内心高贵的女人一定是浪漫的女人，懂得生活情调，善于调剂生活，把平淡的生活变得有滋有味，让每天的生活都富有新意，常常会制造一个个小惊喜给自己的爱人和家人。

她可能会在结婚纪念日备上红酒、点上蜡烛，在烛光摇曳的浪漫气氛中跟相濡以沫的伴侣共进晚餐；可能会在节日的时候，购置一些五彩的气球装扮自己的小家，让家里充满浓浓的节日氛围；可能会在家人生日的时候，买来生日蛋糕、做上一桌好菜，关掉所有的灯，等到“寿星”踏进家门的那一瞬间，伴随着“祝你生日快乐”的歌声，打开了所有电灯的开关……

高贵是女人内在的一种修为，会使女人的生活更加精彩。想让自己美到极致，那就先让自己的心高贵起来吧。

音乐是一股清流，洗刷心灵的污垢

音乐是女性心灵的伴侣，是女人心事最时尚、最浪漫的表达，也是抚慰女人心灵的和煦春风。女人与音乐的关系，好像鱼儿离不开水，花儿离不开阳光。音乐是女人的公开情人，没有音乐的生活单调乏味，有了音乐，阴天会变成晴天；有了音乐，忧郁会变为开心；有了音乐，贫穷会变得富有。在女人的生活中，音乐无处不在。

董卿很喜欢听音乐，尤其爱听古典音乐，“正是古典音乐让我第一次感觉到内心的成长，它仿佛能包容和消化我的所有情绪，就像海纳百川，让情感收放自如”。

对于她在音乐方面的造诣，董卿很认真地想：“我唱歌还可以，可乐器却一窍不通，父母压根就没有在音乐方面培养过我。如果有时间，我希望学习小提琴，它的音质让我沉醉。”

音乐给了女人最好的生活方式，品茶间来段柔和的音乐，茶香会更持久更馥郁；读书时放段缠绵的乐曲，会使自己徜徉其间，与其心灵共鸣。

音乐给女人以憧憬、幻想、回忆。女人在音乐中找到自我，一首含情脉脉、凄丽委婉、百般柔肠的歌曲，无时无刻不在拨动着女人的心弦。

爱听音乐的女人的生活是很有情调的，也是很浪漫、很高雅、很宁静、很幸福的……美妙的音乐用一个个无字的音符，空灵、绵长、飘逸地诉说着灵魂的声音，或悠远，或喜悦，或丝丝缕缕的忧伤。细细品味灵动悠远音符的喃喃心语，静静聆听心灵与音乐共鸣的自然碰撞，给自己、给心情一片湛蓝的天空。

除了到大自然当中放松身心外，杨澜还喜欢听音乐，只要有时间，即使是在家里做家务，她也会放上一首自己喜欢的曲子。杨澜说，音乐这种古老而又现代的艺术形式，对人的心灵放松和气质修养都有着不可言说的妙处。音乐处处可闻，它不需要华丽的外表和奢侈的消费，堪称最朴素的精神享受，也是心灵最好的滋养。

无论是在我国传统的音乐中，还是在西方的古典音乐、浪漫音乐中，我们都可以感受到音乐的精神“脉搏”。音乐大师们在五线谱间发出的对天、对地、对人的畅想，对命运的慨叹，对未来的展望，给懂得欣赏的女人带来了心灵的震撼。

音乐是一道美丽的风景，但这道风景不是用眼睛看的，而是用心去体会的。俞伯牙与钟子期“高山流水觅知音”的故事千古流传，令人啧啧称赞。音乐有着无穷无尽、无法用语言描述的魅力。女人在音乐的世界里，可以尽情放纵自己的欢笑、自己的泪水，在流动的音符中寻找往昔生活的印迹，编织七彩的梦，获得心灵的自由之境。

现代生活日益紧张忙碌，音乐对女人就显得更加重要了，那是上天赐给她们的声音。紧绷一天的神经将会在音乐中得到放松，压抑了数天的抑郁情绪将会在音乐中得到宣泄，发自内心的快乐也能在音乐中自由飞扬。音乐还能在咖啡、牛奶浓浓的香气中带走她们的思绪，给创作者以灵感。

享受音乐的女人是幸福的，听肖邦的练习曲，感受他充满着美、精妙、壮丽和力量的心灵独白，倾诉一腔爱国柔情；听贝多芬用他那神奇的手谱写的田园之曲，撞击命运之间，感受一个顽强的生命在不懈地抗争；听柴可夫斯基的芭蕾三部曲，感受驾着俄罗斯马车，在静谧的湖畔驻足观赏天鹅起舞的优雅……

爱音乐的女人是美好的，懂音乐的女人是有内涵的，当她闭着眼睛用心聆听那美妙的旋律时，她的情感跟着节奏起舞，她的灵魂在跳跃的音符里与歌者交会。徜徉在旋律里的女人，她不仅在倾听，她也在轻轻吟唱。

懂音乐的女人气质优雅、灵魂充满馨香。音乐是女人生命中生生不息的梦幻与情思、坚守与执着！

美人都败给了岁月，智慧却留了下来

美丽是会随着时光的消逝而消失的，智慧却恰恰相反，会随着蹉跎的岁月日渐丰满。尽管岁月给了你满脸的皱纹，却夺不走你眼中的睿智和善良，尽管岁月给了你满头的白发，却挡不住你把温暖的双手伸给需要帮助的人。岁月可以夺走你的一切，却夺不去你那颗宽厚、智慧、纯真、善良的心，它会让你变得一天比一天优雅。当优雅成为习惯，在逐渐老去的路途上，女人会走得更加从容，更加美丽。

麦家是我国著名的作家、编剧，他创作的《风声》《解密》等小说曾被改编成电影和电视剧，受到观众的广泛喜爱。在参加《朗读者》之前，麦家对董卿的印象仅仅是“这是个美人，一看就是江南女子啊”，但是麦家心中始终不认可“主持人仅靠颜值便可撑起一档节目”的说法，他觉得智慧对于主持人来说非常重要，否则主持人仅仅是舞台上的一个花瓶。

和董卿接触后，麦家发现她的知识储备量非常大。麦家连连夸赞董卿：“她在现场应变能力很强，经常会引用经典句子和其他人的观点，是知识储备给她的那种智慧。”麦家还透露，很多在电视台工作的人平时几乎不看书，也很少抽出时间读书来提升自我。但是董卿与众不同，她经常利用业余时间读书充电，不断扩大自己的知识量。

一个女人也许并不美丽，但是如果能用智慧为自己增添魅力，那么不仅能够重塑气质，而且还能注入更多灵动而富有魅力的东西，女人的灵魂也因此而富足。

智慧的女人清楚地知道自己需要什么和不需要什么；她们充满自信却不自大，谦和而不自卑，性格独立却不霸道。智慧的女人，光阴虽然可以带走她年轻的容颜，却不能铅洗其智慧的结晶。在岁月的长河中，她的风采如珍珠一般愈加晶莹剔透。

她，16 岁时辍学，20 岁时才重返校园，35 岁时成为邓小平的贴身翻译，到了花甲之年，却越活越有气质！

她，让中国人放心，叫外国人头疼。她创造过中国历史上三个第一：中国第一位少数民族女大使，中国第一位驻大国女大使，全国人大首位女性新闻发言人。

她被外国元首赞誉为“最能清晰传递中国声音的使者之一”，她是中国外交部的知性铁娘子，也是中国最美最优雅的发言人！她，就是傅莹。

2016 年她曾在德国慕尼黑安全会议上，代表中国发声，舌战群儒，见招拆招，睿智精彩！会议上她被问了一个非常刁钻的问题，“中国是否对朝鲜失去了控制？”回答“是”或者“不是”，都等同间接承认了中国在试图控制他国主权。

于是她面带微笑温柔回应：“这种用语很西方，对一个国家失去了控制，而且还是主权国家，中国不是这么想的，我们不控制任何国家，我们也从来没控制过任何国家，我们也不想被控制。”

当美方记者说中国“偷窃”美国时，温柔的她，笑脸立刻变得严肃，回应道：“这个词很不敬，如果我们两国存在技术性的问题，我们可以摊开来说，但你需要向我们提供证据。”

面对外媒的刁难，聪明的她谈笑风生间就能犀利、机智地化解危机，维护好中国的利益与形象，令所有国人想直呼她为真女神！从青丝到满头银发，她却越活越有气质！虽韶华已逝，但美丽依旧！

奥黛丽·赫本说，聪明女人会毫不费力地把男人给迷倒，但她们不会把所有心思都放在男人身上。容颜会随岁月老去，智慧却会与日俱增。要成为一个永远青春的人，就要永葆一颗聪明的心。如溪水般伶俐的女人，男人永远不会对她厌倦。

虽然董卿已经名利双收，但是她仍然孜孜不倦地学习，不断地充实自己，这也是她主持的节目充满魅力的原因。在关注《欢乐中国行》时，听她串节目，就如在听一个智者传播文化，也像听父母循循善诱的教导，还像听一位知心姐姐涓涓细流的谈话……

有智慧的女人是懂得生活情趣的女人。她们懂得制造浪漫，让自己像诗人一样体会生活，像哲人一样思想，像凡人一样活着，她们善于表达自己的想法和情感，懂得在不同的场合扮演不同的角色，知道在工作中要专心专注，回到家中要温柔体贴。

做一个有智慧的女人，少些抱怨，多一些平和，用智慧的双眼去发现生活的美好，去发掘世界的美妙，生活会精彩无比！

做一个有智慧的女人，从容淡定，举手投足透着优雅的风范，不卑不亢，赏荷、品茗，芳香隽永、回味无穷。

把时光用在美好的事物上，人也会变美

《亲爱的，你要更美好》的作者黑玛亚是美学派的传承者。有一次，黑玛亚和朋友同桌吃饭，黑玛亚小心翼翼地从鱼身上剔出一根刺后说，这根刺长得真美，晶莹剔透。女人只要能保持对美好事物的敏感，并愿意把时光用在美好的事物上，就会越变越美。

董卿是一个善于发现美的人。她热爱生活，也感激每一种细腻的美丽。喜欢听歌的她，总是会被歌曲中好的歌词感动。像最近在电视上听过的老歌，“你知不知道，思念一个人的滋味？就像喝了一杯冰冷的水，然后用很长很长的时间，一颗一颗流成热泪。你知不知道寂寞的滋味？寂寞是因为思念谁？你知不知道痛苦的滋味？痛苦是因为想忘记谁……”这样美到极致的歌词，总能令她感激不已，久久不能忘怀。

对于大多数女人来说，生活就像一条单调乏味的直线，每天都从同一起点以同一速度沿直线行走到终点，而有些女人常常能在平淡的生活中发现美，因为她们有一双善于发现美的眼睛和一颗感恩的心。即便在忙碌的日子里，她们也会把

时间定格成美好的瞬间。

保持对美好事物的敏感，用欣赏的眼光看世界，我们会感觉到什么都是美丽的，伴随着的心情也会美丽起来，显得整个人都会有朝气，而世界也会充满阳光。每个人都喜欢美丽的女人，而美丽的女人不仅仅指的是外表美丽，没有出众的外表但有智慧的女人同样也是美丽的，因为她们会用欣赏的眼光看世界。

林徽因心思细腻，对“美”很敏感，也很“内行”。她有一双发现美好事物的眼睛，即便是普普通通的日子她也能发现其中的趣味。

有一次林徽因在家养病，躺在床上实在无聊，便轻轻下来走动。窗棂外，阳光恬静，粉墙疏影，暗香浮动，“好美啊！”林徽因第一次感到了诗意。

林徽因常常在夜晚写诗。在幽静的西山养病时，她点一炷清香，摆一瓶插花，面对一池荷叶，在徐徐清风中，酝酿诗意。敏感细腻，使她看得到生活中的美好和希望。她给费慰梅写信讲述了住在唐继尧“梦幻别墅”的感受：一切最美好的东西都到花园周围来值班，那明亮的蓝天，峭壁下和小山外的一切……房间这么宽敞，窗户这么大，它具有戈登·克莱格早期舞会设计的效果。就是下午的阳光也好像按照他的指令以一种梦幻般的方式射进窗户里来，由外面摇曳的桉树枝条把缓缓移动的影子泼到天花板上来。

我们身边的美丽和感动比比皆是，千万别因为忙而忽略了身边的一草一木。点点滴滴其实都有灵气，关键是要有一颗敏感的心，这样才能永远保持一份对新鲜事物的好奇，就不会错过美好的光阴。

以敏感的心去发现周围的美好事物，以感激的态度去看待这些美好，美好的事物会更加美好，困扰和挫折也许就没有那么糟。

正如台湾散文大家林清玄所说，心水如果澄清，什么山水花树在上面都是美丽的，心水如果污浊，再美丽的花照在上面也只是污秽的东西。

大多数女人的心都是细腻而敏感的，你可以把你每天的快乐心情、见到的快乐的人、经历的快乐的事情，都记录下来，那么生活中的各种美好就会积攒成为你的精神财富。当心血来潮的时候拿出来翻翻，你会发现那些人和事也许都淡忘了，但是那份快乐却开始在你心中蔓延开来。

女人做得越纯粹就越美丽，我们要学会生活，学会发现生活中的美。美的环境，美的景致，一切美好的事物，通过我们的感官给我们带来快乐的感受。恬静的心境和乐观的精神，会帮我们克服心理的压力，弥补心灵的创伤，排解心中的烦恼。

美是到处都有的，而我们的眼睛缺少发现。如果你能抽时间在咖啡馆里坐上半个小时，约几位知心好友聊上几句贴心话。来一杯咖啡，翻翻自己喜欢的书籍，或者挑一个靠窗的座位，看看外面的车流人群，想想自己的心事。你会发现，生活真美好。

一些女人在生活中经常怨天尤人，或者是自怨自艾。不要总提醒自己遇到了不幸，要知道，在这个世界上有很多人比你还不幸，只要能够抬头看到阳光，就是幸运的。那些生活里的挫折在一个人的人生中，只不过是一个再小不过的插曲。没事就多笑一笑！

在公交车上亲密的情侣脸上洋溢出醉人的笑，道路旁年轻的母亲牵着牙牙学语的孩子在蹒跚学步，夕阳里满头银发的伴侣牵着手在散步……这些都是生活的美，放慢你的脚步，细心去观察，静心去感受。

第三章

不妥协，不将就，为自己而活

生活不只是柴米油盐，总有些事情不能妥协

林徽因曾说："温柔要有，但不是妥协，我们要在安静中，不慌不忙地坚强。"在亲密的家庭关系中，为避免争执、冲突，女人通常是愿意妥协的。

但有妥协也要有坚守，比如，对于今天晚饭吃什么，去超市买哪一种面包之类的小事可以妥协。但生活不只有柴米油盐这样的小事，还有我们决意从事什么工作之类的，事关未来和幸福的大事，学会坚守比什么都重要。

董卿从小就喜欢文体。可是她的父母在这方面并不支持她。董卿说："他们特别反对，觉得唱歌跳舞挺没出息。"

董卿在 17 岁时，瞒着父母报考了上海戏剧学院。可是当她收到"上戏"的通知书时，家里却"乌云密布""风雨交加"。她的父母都觉得学习艺术很不靠谱，就是瞎折腾。倔强的父亲甚至把董卿的复试通知书给扣下了，最终董卿的母亲拗不过女儿，偷偷把通知书给了女儿。

可是董卿的父亲仍旧不同意。但是董卿比她父亲还倔，就是坚持学艺术，去上海戏剧学院。她据理力争，决不妥协，最终父母没有说服董卿，陪她去上海参加了"上戏"的面试。

一个女人的一生该怎样度过，决定权都在自己的手中。当你内心的需求和

周围的世俗标准不一致而产生冲突，给自己一个冷静的时刻，停下来静静聆听自己的内心，也许是一个不错的选择。做自己想做的一切，并且为此承担任何可能出现的结果，你会发现自己的世界如此美妙。

对梦想和生活怀有信念的女人，是不会轻易地被命运击倒的。面对生活的不如意，她只会更加的淡定与坚强。面对命运的挑衅，她绝不会签订妥协的降书。她会带着这种顽强走到最后，找到属于自己的幸福。

徐志摩下定决心要和妻子张幼仪离婚，他忽然从租住在沙士顿小镇的家中消失，把当时已经怀孕的张幼仪扔在举目无亲的欧洲。迫于无奈，张幼仪只好向正在巴黎访学的二哥张君劢求助。张幼仪到法国后，被学业繁忙的张君劢安排到乡下朋友家里。那一段时间，张幼仪反躬自省，发觉自己的很多行为表现的确和缠过脚的旧式女子没有两样。“经过沙士顿那段可怕的日子，我领悟到自己可以自力更生，而不能回徐家。我下定决心：不管发生什么事情，我都不要依靠任何人，而要靠自己的两只脚站起来。”

怀孕8个月的时候，张幼仪随七弟张景秋前往德国。1922年2月24日，她刚生下二儿子彼得，徐志摩托人送来的离婚书信就到了。

离婚后，张幼仪选择独自带着儿子留在德国。没有传统社会的影响，她开始了翻天覆地的变化。徐志摩的父亲徐申如仍然每个月给她和孩子寄去生活费。张幼仪利用这些钱一边扶养幼子彼得，一边学习法语、德语，还在裴斯塔洛齐学院学习幼儿师范课程。

1926年夏天回国时，张幼仪已经脱胎换骨。她先是在东吴大学教授德文，不久被上海女子商业储蓄银行聘请担任副总裁。

女人，永远不要因为现实的压力就轻易放弃自己对人生的支配权，要懂得“严寒未尽，微暖为止”。无论遇到什么事情，都要鼓起勇气勇往直前，不能退缩，不能逃避，更不能屈服，我们要学会主宰自己的命运。

虽然生活会一步步耗去我们的精力和心血，让我们在终日操劳中渐渐迷失自己，聪明的女人却敢于面对生活的挑战，永不妥协，在扮演好自己的社会角色的同时，还能够挤出一部分时间给自己，跟着自己的心走，为自己而活。

豁出去：一生至少要有一次奋不顾身的经历

当你因为朝九晚五的清闲工作而百无聊赖、想要追求自己喜欢的工作却又不敢时，有人已经放弃家里优越的条件，孤注一掷地来到大城市打拼；当你觉得自己不过就是找个实习工作，这个工作不好就换下一个时，有人却说我就算在大城市里摆地摊也绝不会回头，因为她已经斩断了自己所有的退路。如果你没有豁出去的勇气，做任何事情都不会成功。

董卿就是那个豁出去的女人，她始终拥有一股无所畏惧的闯劲，为了梦想、为了工作、为了生活，她敢于放弃所有稳定的条件，去追求未知的挑战，决不回头。

在没来北京之前的日子，董卿过得很舒服。她在事业上小有成就，有一批喜欢她的上海观众；生活过得也很惬意，没事的时候喝喝下午茶，做做美容。才华横溢的董卿还做了很多大型晚会，后来又做了上海与悉尼歌剧院连线的节目，也因为这个节目，她被评上了 2001 年的金话筒奖。

也正是因为这次得奖，改变了她原来的生活轨迹。2002 年中央电视台西部频道成立，一个负责人是当时金话筒的评委，对董卿有印象，就给她打电话邀她来央视。董卿说：“我当时很犹豫，在上海人脉和环境都有，又要离开？在北京我没有车子房子，没有朋友，我连在哪里剪头发、买衣服都不知道。西部频道也是非主流频道……也许人的年纪越大，胆子越小，我害怕失去手上有的那点东西。”但董卿问自己，“如果再也没有中央台这个事，我能接受吗？我一定会后悔没有去试一下”。

于是董卿抱着豁出去的心态，做好了一切准备，把能想的都想到了，陌生，恐慌，站在央视舞台上面对不认识的观众，录完节目的寂寞……她毅然决然地从上海来到北京。当时西部频道录节目在大兴，董卿甚至连大兴在哪儿都不知道，可是依然拿着大包小包站在大兴街头，也正是因为当时的勇往直前，永不退缩的狠劲才成就了现在家喻户晓的董卿。

有些路是自己选择的，有些事是自己决定的，所以一旦做出选择，就不要半途而废。我们要为自己的选择负责，即便是泪流满面也要把前方的路走完。

为自己的选择负责，这真的很重要，如果总想别人来替你决定，你就把自己的力量给了别人。当你把越来越多的力量给别人，寄希望于别人，你就会收到更多的失望和不如意。除了你自己，真的没有人可以为你负责，在人生的岔路口，不管你选择了哪个方向，都是对的选择，敢于去为自己负责才能更好地体验不同路径的风景。

泰戈尔有句话是：“困难像一支和陡峭的悬崖搏斗的狂奔激流，你应该纵身跳进那茫茫的、不可知的命运，然后以大无畏的精神战胜它，不管前面有多少困难向你挑衅。”

小时候的欧阳夏丹就是一个乐观向上、不怕挫折的女孩。每次期末考试的成绩出来时，班里面总有几个成绩不理想的女孩为此伤心哭泣。可欧阳夏丹却是个例外。成绩一向突出的她即使偶尔失手，大家也丝毫看不到她的失落和难过，挂在她脸上的始终是开心爽朗的笑。

几个要好的女同学私下里问过她：“你考试成绩不好的时候不伤心啊？怎么就没见你哭过鼻子呢？”她笑着说：“谁也不能时时刻刻都出类拔萃，只要我尽力做到了最好的自己，那就够了。全力以赴地付出过，结果也就没那么重要了。”

欧阳夏丹也说过她从上海电视台来北京时的不容易，“因为压力过大，最初的几个月里，我的身体频出问题，经常要到医院打吊针。那是我人生最低落、最压抑的一段日子。在那段最苦最难的日子里，我没有丝毫的抱怨和后悔。我告诉家人和朋友，自己已经尽全力做到最好的自己了，如果不能成功，也该轻松快乐地去面对”。

当我们全力以赴地为自己的选择努力时，结果似乎就没有那么重要了。因为你拥有了一往无前的勇气、全身心投入的热情，纵使没有达到你要的目的，这个过程就足以令人成长和意义非凡。

董卿和欧阳夏丹的成功离不开她们敢闯敢拼的勇气，她们为了梦想坚定地向前走着，抱着选择了就决不回头的信念，最终变成了闪闪发光的存在。

有些时候不成功只是因为我们在做某些事之前，时常会想着如何给自己留后路。这本是人的天性，无可厚非，但有的时候，这恰恰是一种不自信的表现，会导致人们产生不思进取的心理。

不给自己留后路，让自己没有回旋的余地，方能竭尽全力，锐意进取，就算遇到千难万苦，也不会退缩，因为回头也没有路了，不如不顾一切地前进，还能找到一线希望。

有了这样一种“拼命”和“豁出去”的信念，我们才能彻彻底底地消除心中的恐惧、犹豫、胆怯。当一个女人不给自己任何退路的时候，她就什么都不怕了，勇气、信心、热忱等从心底油然而生，到最后自然能“置之死地而后生”。

所有可以长久持续的努力，都源自真正的热爱

在《你可以拥有你想要的生活》一书中有这样一段话：“这个世界的诱惑远比你想的多，通往成功的道路也比你想的要更多。无论你选择什么，我都希望那件事情是你真心热爱的。我希望你能坚持自我，善用天赋；不要浪费自己的才华，不要忘记自己所热爱的事情，也不要忘记你心中的激情。不要去奋斗，而是要去热爱。”因为热爱，我们才可以长久持续地努力；因为热爱，我们才能奔向更好的前程。

董卿小时候的愿望是当一名演员，可是她的父母并不同意。她的父母希望她考一个好大学，学一个好专业，将来找一份稳定的工作。但热爱唱歌跳舞的董卿并没有听从父母的安排，她选择了一个自己喜欢的专业——浙江艺术学院的表演专业。在毕业大戏上，董卿还演了《哈姆雷特》中的母后。

毕业后，董卿被分到浙江省话剧团工作。但是刚开始工作的一年里，她并没有什么戏拍。一次，浙江电视台招聘主持人，董卿陪一个朋友去考试，于是她自己也顺道考了一下。董卿说：“我至今记得那个夏天特别热，穿着一条小连衣裙就去考试了，导演说主持一段吧，我也不懂要主持什么，导演说那你们就随便聊一聊。”后来董卿就被录取了。

她说："那个时候没有手机、呼机，我记得是传达室的大爷喊'董卿电话'，我跑好远去接电话，知道自己被录取了。"做了主持人的董卿对这份工作格外热爱，而且她将这份热情一直延续到现在。

白岩松说，董卿的生活只有工作。在主持《我要上春晚》时，董卿必须要提前一天与选手见面，和每一位选手交谈。所有选手的资料用A4纸打出来，三分之一留白供她记要点。

董卿说："在工作上，我不会放自己一马。"每次拿了台本，她必定要把自己关进书房，做很多功课，查很多资料，就为了任何一个细节不伤害到观众，她和稿子的每一个字死磕。

即便是为了工作需要四处奔波、精疲力竭，她依然"爱它如初"。正如董卿所讲：当这种执着和热爱成为一种习惯，在哪个城市并不重要，就像你爱上了一个人，生活了10年之后，不仅有感情，还包含很多醇厚的东西。

也许有人会讲，男人的事业是工作，女人的事业是男人。好像女人天生就应该围着男人转，其实不然。正如我国著名的经济学家茅于轼先生所说，"职业不但是每个人的谋生之道，也是每个人享受人生的一个重要方面"。

对于任何一个女人来说，拥有属于自己的事业也很重要，尤其是能够拥有一份自己感兴趣的工作，那么工作就不是为了换取一点薪水的奴役，而是一种美妙的享受，而且你还能以此获得更大的成就。

潘玉良是民国时期著名的画家、雕塑家，同时她也是民国初年女性接受新美术教育成为画家的极少数人之一。正是因为她对绘画事业的热爱，让她把胭脂粉化为油彩，重新描绘了自己的人生。

她17岁时，海关总督潘赞化偶遇她，娶了她做偏房。虽然潘玉良之前没有读过书，但是她的求知欲和上进心一直都非常强，潘赞化请老师教她读书。她天生对色彩敏感，喜欢画画，潘赞化又请老师培养她画画。她对绘画热爱而专注，终于在1923年考入巴黎国立美术学院。

在巴黎客居的50多年里，她始终怀着对绘画的热情而努力。把绘画当作自己一生事业的潘玉良有自己的规矩，那就是从来不与一般画商合作。尽管如此，还是有很多赏识她的文化界人士邀请她举行画展。1926年，她的作品在罗马国际艺术展览会上荣获金奖，打破了历史上没有中国人获此奖项的纪录。

热爱工作不是女人的缺点，而是优点。这种热情是女人成功的基础，正如爱迪生所言：热情是热量，没有热情，任何伟大的事情都是不能完成的。对工作始终保持热情的女人，不仅能在工作中感到充实，而且还能提高工作效率，得到事业上的自豪感和成就感。

一位学者曾经说过："工作不仅是谋生的手段，也是享受生活的一种载体。"工作是一个施展个人才能的舞台。除了工作，世界上没有哪项活动能为人提供如此高度的充实感、个人使命感、自我表达的机会以及活着的理由。

听从自己的内心，做一份自己喜欢的工作，并且全身心地投入其中，你总能发现工作的乐趣，使全身所有的神经都处于兴奋状态。这份感受，足以让你忽略掉生活中其他方面的不完美。

离开舒适区：你可以不成功，但是不能不成长

在生活的磨砺中，很多女人变得茫然、随波逐流，不知道什么是自己想要的，自己的初心也早就消失殆尽。其实我们要多花一些时间静下心来读读自己，问问自己想要的究竟是什么。静下来的时间越多，就会感到自己越贫瘠。也只有在静下来的时间里，我们才可以不断地成长丰盈；也只有在静的过程中，我们才会发现更好的自己。

2014 年，董卿离开央视的新闻闹得沸沸扬扬。后来经证实，董卿只是去美国留学，并不是离开央视。董卿说："人的一生总该有所追求，不管是谁，不管在什么年龄。我不会离开央视，今后将继续做主持人。"董卿还说，她的内心也充满不舍和不安。

对于这次学习，董卿还解释说："我们每个人都和'更好'之间有一段距离。电视媒体现在竞争很激烈，真需要认真学新知识，好好充电。"

她还说："反复考虑酝酿了 3 年，最后还是下定决心。我就觉得我要再不做就来不及了，要是不做以后会后悔，暂时离开，只为找到更好的自己。"

我们都希望在事业或者情感中找到属于自己的位置，获得幸福，并证明自己存在的价值。或许，这个位置，不是去迎合，不是去适应，不是去追逐，而是我们应当首先从内心去寻找！

在寻找的过程中我们能够不断地发现自己、提升自己、改变自己。同时我们也知道了什么是自己想要的，什么是自己该放弃的。把找寻自我的过程当作一段冒险经历吧！

在这条路上我们可能会遇到坎坷，也可能会感受到痛苦，但是，我们因对事情的喜爱与执着而产生的力量，因超越自我而产生的活力能帮助我们渡过一切难关。请相信，如果你的生活就是你想要的，就不存在失去乐趣的问题。

杨澜也曾说，她对自己最满意的就是一直在追求改变，就算承受失败的风险，也要做自己内心认为值得的事情。

杨澜曾经也和董卿一样，在事业最辉煌的时候，毅然放弃央视的主持岗位，到美国留学。很多人问她为什么在自己当红时选择去国外读书。

她是这样回答的："当时我在中央电视台是一名当红的主持人，大型的活动都由我去主持。可是一件小事，却让我感觉到我身处的环境极其不安全。"

有一年春节晚会，共有6名主持，多遍彩排之后，有一位主持的大姐，导演组突然决定不用了，却没人去通知她。那一天，那位大姐兴冲冲地拿着礼服到化妆间，化妆师说没她的名字，结果那位大姐黯然神伤地走了。

杨澜当时坐在一旁，那一刻她似乎看到自己的未来。她当时心想，今天，如果没有机遇和环境的平台，有多少成功算是你努力的结果？选择离开是因为恐惧，因为命运不在自己掌握中。从那一刻起，她就觉得自己首先得站稳脚跟，不要沉迷在鲜花和掌声中，要去寻找成长，去读书。她的一些决定并不是精心安排，只是跟随心里最真切的声音。年轻的时候不去搏一搏，什么时候还有机会？

杨澜离开的理由很直接："年轻时最重要的资本不是青春、美貌和充沛的精力。

是你拥有犯错的机会，不要为青春留白。如果年轻时不能追随梦想，去为自己认为值得做的一件事冒一次险，哪怕犯一次错，那青春将是多么苍白啊！”

追求心中的理想，是需要莫大的勇气的。大多数女人都是在按部就班地生活，不敢放下当下的生活模式，因为害怕承担风险，害怕自己会失败。但是不试一试怎么知道呢?

也许你最后也没能在喜欢的行业里大放异彩，但是你付出了就不会有遗憾；也许最后你只是过着和以前一样平淡的生活，但你曾经为将来努力奋斗了一把；也许你最后也没能环游世界，可是你却在实现梦想的途中找到了自己。那是能够为了一个目标默默努力的自己，不抱怨，不浮躁，不害怕孤单，沉默却又努力的自己。说不定你苦苦追寻的梦想，已经握在你手中了。

杨澜曾说：“也许有人会阻碍你成功，但没人会阻挡你成长。”只要你自己勇于冒险、敢于尝试，那么你想要的，终将一一实现。

外表要温顺，内心要强大

“心里有了茧，手里有了剑，便不再害怕了。”一位内心强大的女子在心中的远方里就算举步维艰，也要保持活着的尊严与腔调，于是世界终究会把她温柔相待。

因为董卿爸爸从小的生活环境艰苦，所以即便是作为独生女儿的董卿，也是从小在“狼爸”的教育环境下长大的。

“不准照镜子，不准穿新衣服，每天都要跑 1000 米……”这些都是爸爸对一个女孩子的要求，说是“女孩子不能把心思都花在打扮上，这样就没有时间看书了”。

宾馆的清洁员、商场的售货员、广播站的广播员……董卿还在爸爸的要求下，打过各种零工，两个月能挣 60 块钱。

不过，在买书方面，董卿的父母从来不吝啬。但是买来之后她必须要认真看，把书上的成语都抄下来，贴到墙上，等过几天她的父母还会抽查。

董卿说，最开心的是爸爸出差，因为那几天就看不到他了，有时候她自己都会怀疑“自己到底是不是亲生的”。不过，董卿也说正是因为小时候的这段经历，才让自己内心更为强大，学会了坚持。

尽管在人们看来，女人一向就是弱者的代名词，但是我们不能把自己当作弱者。我们要向柳条一样柔软，又要向钢铁一样坚硬，始终相信没有什么能将我们击垮！

有这样一段话："女人身上最强大的是韧性，再泥泞也能生存。女人身上最美的是矢志不渝做她坚信的事，哪怕全世界都被推翻，全世界都混乱。全世界都将其遗忘。"

摩西奶奶说："内心强大，方能不慌张。"历经坎坷，遭遇无数风吹雨打后仍然能保持温暖、阳光、积极向上的心态，这样的女子令人心生敬畏。如罗曼·罗兰语，"生活中只有一种英雄主义，那就是在认清生活真相之后依然热爱生活"。遭受过人生的不幸，但仍期待幸福；受到过别人的背叛，但仍勇敢地去爱；看见过世间的丑恶，但仍付出善意，内心强大的女子始终以一颗沉静的心面对一切，在岁月中不慌不忙地坚强，绽放出最美的花！

在很多人心中，林徽因或许只是一个文弱的才女而已，其实不然，林徽因是一个外柔内刚的奇女子。小时候，梁从诫曾问母亲为什么要逃。林徽因说："不愿当亡国奴，不愿看日本旗。"于是，他又问母亲，如果日本人打到重庆，我们往哪逃？林徽因指着门前的那条河说："中国人读书不是还有一条老路吗？咱们家门口不就是扬子江吗？"幼小的他惊恐地拉着母亲的手说："那我怎么办？"林徽因沉思了一会说："国之不存，怎顾得你！"

林徽因曾经给正随姑姑们在北戴河度假的女儿写信：如果日本人要来占北平，我们都愿意打仗，我觉得现在我们做中国人要勇敢，什么都不怕，不怕打仗，不怕日本人，要什么都有决心才好。林徽因这种天不怕地不怕的傲骨情怀，让人敬佩。

她对王栋岑说："你们拆的古董至少有八百多年的历史，有一天子孙后代懂得它们的价值之时，你们再建的就是赝品、是假古董。那一天会到来的！”思路之清晰，锋芒之锐利，还有那不减往日的所向披靡之势，完全不像一个距生命尽头只有几个月的垂危老人。有人说，林徽因的外柔内刚是一种大义凛然的气魄和胸襟。

张德芬说：“女人最厉害的武器，就是温柔的坚持。”在一个女人强大的外表下，内心往往是很脆弱的，有时会看到她因为一点小事而心力交瘁，因为一点点小事而情绪爆发，不能自控。越是脆弱的人，越要用强悍的外表和尖锐的语言来保护自己，就像很多人吵架的时候，试图用声音来压过对方，这其实是内心羸弱，所以才虚张声势。

然而，越是内在有力量的女人，外表越是温和谦逊；她们可柔可刚，当世界对她好，她可以温柔相待；当世界对她不公，她也能拿起武器保护自己。

做一个像胡杨一样强大的女子，不论是一个人的日子，还是两个人的相守，从来不会恨到怨天尤人或爱到放弃自己。这样的女子才有能力存储人间暖意，用最慈悲的灵魂默默爱着滚滚红尘。

你的善良，必须有点锋芒

善良不是一味地忍让或取悦，善良也不是委屈自己，成全别人，更不是满足于眼前的苟且，只对世界察言观色。生活不是用来妥协的，你退缩得越多，喘息的空间就越少；日子也不是用来将就的，你表现得越卑微，幸福就会离你越远。

我们无须把自己的位置摆得太低。属于你的，要积极地争取；不属于你的，也请果断地放弃。不想做的事，不必勉强自己去做；忍了很久的事，不必一而再，再而三地忍下去。不要再让别人来践踏你的自尊，你的善良，你必须带点锋芒。

从小时候开始，董卿就不是一个按部就班、随波逐流的人，看上去纤秀柔弱的董卿，其实是一个很有主见的人，下定了决心九头牛也拉不回来。这从她的工作经历中就可见一斑。

1998 年董卿在上海电视台开始主持《相约星期六》。这档大陆版的《非常男女》节目以新颖的形式、幽默风趣的台风，迅速席卷申城，仅仅一年，就创下了 10% 的收视率，董卿随即成为上海这座大都市中家喻户晓的明星级人物。2000 年，因工作出色，董卿获得了“第三届上海十大文化新人”“上海市新长征突击手”等荣誉称号。

谁知道董卿在事业蒸蒸日上之时，却做出了一个让朋友们大吃一惊的决定，放弃黄金栏目，加盟刚刚起步的上海卫视（现在的东方卫视）。对于自己的选择，她有自己的理由："在《相约星期六》，我可以看到若干年后的自己……生活没有多少变化。"在上海卫视的不俗表现，让董卿在2000年获得了第五届全国广播电视节目主持人"金话筒"奖。

有主见的女人，知道给自己一个空间。有追求，自信并永远努力进取，周身散发着超然幽雅的气质，有水般的温柔，面对激烈紧张的场面，可以以柔克刚，将剑拔弩张的争斗弭于无形。

有主见的女人能善待别人，宽容别人，从而赢得真挚的友情和关爱；有主见的女人不盲目地听信别人的言论，碰到挫折勇于面对。她们敢于逆水行舟，不惧怕别人的嘲讽，坚持个人的主见，毅然决然地走自己的路。

曾子墨是中国的一位美丽、坚定、内心充满巨大能量的女人。当她的同学正为高考焦头烂额时，她已因"总分永远第一"获得了保送中国人民大学的资格；当梦想留学美国的本科生、硕士生们正向托福600分冲刺时，18岁的她以660分的骄人成绩夺得北京市第一；当同窗们还在为出国留学而四处往国外的大学投申请表时，她已持全额奖学金踏入美国常青藤名校；当她在摩根斯坦利的事业一帆风顺时，她却毅然决定投身凤凰卫视，追寻真正梦想的生活。

曾子墨，初谙世事即远涉重洋，陌生、包容的美国文化接纳了她，改变了她，而她也在世界顶级的投资银行中改变了美国人对中国女孩的看法。她是一个有主见的人，当她的事业处于上升期时，她却做出了一个让人意想不到的决定——转投凤凰卫视当节目主持人，因为"我不想用自己的生命，去点亮别人罩在我头上的光环"。

在亲朋好友的劝阻下，她仍能坚持己见，而随后的事实证明她的决定是正确的。2002 年，曾子墨采访了亚洲开发银行第 35 届理事会年会和“两会”，由她参与拍摄的纪录片《我们在朝鲜的日子》更获得观众的一致好评。她是一位不可多得的财经节目主持人，著名主持人白岩松、敬一丹在读了曾子墨的自传《墨迹》后也称：“曾子墨是继林徽因之后的又一个范儿。”

女人有主见，绝对不意味着她是一个人孤芳自赏，也不表示她不听别人的意见。有主见的女人会虚心地听取他人的正确意见，有则改之，无则加勉。

有主见的女人更能抓取幸福，她们善于全面正确地认识客观事物，通过思考分析，制定合理的计划和奋斗目标，并且不断地修正，使自己的人生之路走得更好。

世界上有这样一种女人，不管她嫁的是家境贫寒的人还是富有的人，她都有能力让自己幸福。这样的女子不一定漂亮，但一定是聪明且有主见的，她能用自己的方式追求幸福、享受幸福，将平淡生活“点石成金”。

恰普曼说：“无论是美女的歌声，还是鬣狗的狂吠，无论是鳄鱼的眼泪，还是恶狼的嚎叫，都不会使我动摇。”做一个有主见的善良女人，走自己的人生路，让别人羡慕去吧！

女人需要有点个性，才能活得像自己

女人的个性就是女人独有的品位和气质。“一花一世界”，每个女人都是一朵花，拥有自己的一个美丽世界。

董卿曾说：“每一个人本身就有不同于别人的地方，不需要刻意区别。只要把你身上最具特点的东西展示出来，就是你的个人风格。我的个性可能就在于把知性和感性很好地融合在一起。”

在众多活泼搞笑、侃侃而谈的综艺节目主持人中，慢声细语、娓娓道来的董卿，绝对是一个异类。因为端庄大方的形象，又有多次主持大型晚会的经历，外界经常会把她同周涛相比较，对此，董卿说：“可能是因为大家主持的节目形态有些相似而已。其实我们两个差别很大，性格、成长背景都不同。如果大家在生活中看到我们，绝对不会有相同的感觉。”

董卿说：“观众们正是因为你的与众不同而记住了你。要保持你的个人魅力。”

每个女人都有自己的优势，比如温柔、手巧、自信、坚韧等，这些与生俱来的资质都是女人美丽的资本。作为女人，我们要善于发现和挖掘自己身上独特的优势，在人生的舞台上展现自己独一无二的美。这种独一无二的美就是女人的个性资质，它是女人成功的资本，充分认识并发挥这些天质可以帮助女人到达事业的顶端。

个性和独特的风采永远是一个女人魅力的核心。无论衣着、气质、谈吐、行为方式都有自己独特见解的女人，能形成与众不同的魅力，给人带来生动又深刻的印象，因为她是独一无二的。

有个性的女人就像一只翩翩起舞的蝴蝶，不自觉地吸引着人们；有个性的女人就像那开在后山坡上的雏菊，虽然朴素淡雅，却让人爱不释手；有个性的女人就像围着太阳转的向日葵，勇于追求自己的光明和爱情；有个性的女人懂得享受生活，制造趣味，有个性的女人永远那么青春活力、魅力四射。

三毛就是天下独一无二的女人，她的拾荒梦、她的橄榄树、她的撒哈拉沙漠、她的荷西，甚至她的自杀都充满着她自己的个性。她是一个自由得令人无法不羡慕的女人，一生都在做着自己喜欢的事情，那么潇洒，那么快乐。

三毛看待所有的事物都是那么具有独特性，荒凉空白的大沙漠中，她能品味出不同的美；别人丢弃的垃圾堆中，她能拣出宝贝来；一些女人一生都不敢去想象的东西，她都坚持不懈地大胆追求着；连她的爱情观念都是那么独特。

在《稻草人手记》一书中，三毛曾经这样写道："结婚以前大胡子问过我一句很奇怪的话：'你要一个赚多少钱的丈夫？'我说：'看得不顺眼的话，千万富翁也不嫁；看得中意，亿万富翁也嫁。'"

看过三毛作品的人，都会知道三毛作品只写自己的故事，篇篇有作者之"我"，这并不是她唯我独尊，也并不是她故意卖弄，恰恰相反，这正是她真性情的自然流露和展示。她根据自己的真实故事和浪迹天涯的旅行见闻，以最朴实的叙述方式渲染出了一种独特的、个性的色彩，吸引了大批的读者。

卡耐基说：一个女人的独特魅力，并不是保持不好的习惯和行为，甚至让自己故意去学一些“美好”的东西，个性是真正能够散发出光芒的气质。

一个真正有个性的女人是聪慧的，知道自己想要什么，什么才是真正适合自己的，而不是盲目地去追求与众不同，遗失了自己个性中最真的东西。有的女人甚至走入个性的误区，认为专横跋扈就是个性，冷漠无情就是个性，摒弃了女人本身的温柔、善良等美好的特性，这样不仅不会打造出个性有魅力的自己，相反会让人觉得虚伪、做作，甚至成了东施效颦。

有这样一句名言：我既不追随典范去生活，也不奢求自己成为谁的典范，我只为我自己而生活。这才是真正的个性。

你可以做一个秀外慧中、宁静淡然的女人；你也可以做一个神采飞扬、风情万种的女人；你可以做一个热烈奔放、大气爽朗的女人；你更可以做一个孤芳自赏、忧郁哀愁的女人。你有权利以自己的方式美丽着自己，只要你的内心真正地幸福。

成为自己想要成为的人，而不是别人希望的样子

女作家简媜说："我们总要勇敢地唾弃一个世界，坚定地守住一片江湖。"除了活在别人的期待里，你还可以给自己一个定位，找到自己的位置，活成自己想要的样子。

进入上海戏剧学院后，董卿才发现什么叫天外有天。"那时，班里的同学一个比一个漂亮，她们的形体表演也都很出色，很多人此前就已学过多年舞蹈。我记得第一次上形体课时，老师让我们学做芭蕾基本动作，大家都做得很熟练，也很优美，只有我跟不上节拍。差不多有半年时间，我始终找不到感觉。最难过的还是每个周末，看到周围漂亮的女同学都有男生追求，我一个人在寝室里看书的同时也默默地经受着内心的煎熬。难忘啊——自卑的大一！"

董卿也曾想过自己是不是应该牺牲阅读的时间去练习台词、形体，大家都擅长形体，而自己却只知道读书，是不是应该和其他人一样呢？

在经过一番深思熟虑后，董卿说："我跟我自己有过一次对话，对话的结论就是，我不应该牺牲我阅读的时间去练习台词、形体，相反，我应该使我的书本知识更扎实。我有博闻强记的特长，要比阅读能力，班里同学中我应该算看书最

多的，每次文化课考试，我也总是名列前茅。我经常这样说服自己，我的班主任似乎也意识到这一点，开始从这方面树立我的自信心。”

三毛曾说：“生命短促，没有时间可以浪费，一切随心自由才是应该努力去追求的，别人如何议论和看待我，便是那么无足轻重了。”我们不要让别人的想法决定自己的人生。永远不要忘记自己是谁，不要放弃自己的梦想，因为没有人比你更清楚这些。呵护自己内心的选择，风雨无阻地前行。不经你的允许，没有人可以轻视你。你是自己梦想和幸福的唯一主宰。

尽管善谏如流可以让一个女人少走弯路，但是一个事事都听从别人意见的女人，不仅她的能力会受到周围人的质疑，她的职业生涯也一定是黯然无光的。我们无论做什么事都要有一点主见，而不是墨守成规或人云亦云，改变或放弃自己的观点和看法。

这个世界上有两种人：一种人会消耗你的能量和创造力；另一种人会给你能量，支持你的创造，或者只是一个简单的微笑。拒绝第一种人，让自己快乐起来，去做自己想做的人。有人不喜欢，由他去吧。快乐是你自己的选择，活着不是为了取悦他人。柴静曾说：“关键不是别人能给什么，而是自己内心想要什么。”

性格沉静的柴静，其实骨子里是极有主见的一个女孩子，从不循规蹈矩。在柴静的《看见》出版前，柴静对封面的图片设计持有很大的反对意见。尽管封面图案是出版社及知名设计师精心设计过的，但是柴静依旧十分倔强：“照片主体基本是我，有四五十张，看到后我本能反应，不希望有这么多照片。”为了让出版社重新修改版面，柴静跟设计总监邮件频繁来往，以至于最后双方都已经到了剑拔弩张的状态，但是柴静依旧坚持自己的主张，不断地给对方写信打电话，并且终于拧了过来。

后来柴静又看到封面标题的摆放位置和大小十分不妥，她生气地说：“我不能忍受我的名字那么大出现。”设计总监也十分恼火地说：“你可不可以不要干预专业工作？你知道这四个字嵌在这里，这种结构的力量多么稳固吗？”柴静心里虽然清楚对方说得有道理，但是她就是别不过劲，最终出版社还是按柴静的想法设计封面了。

“走自己的路，让别人说去吧！”不可能所有人都同意我们的观点，甚至还会有一些人不理解我们这么做，对我们产生误解。但相对于未来你收获的更好的自己，这点误解算什么呢？我们需要担心的不是别人的不认可，而是我们是不是因为不够坚持而错失了很多？

蔡康永说过一句很有名的话：“15 岁觉得游泳难，放弃游泳，到 18 岁遇到一个你喜欢的人约你去游泳，你只好说‘我不会耶’。18 岁觉得英文难，放弃英文，28 岁出现一个很棒但要会英文的工作，你只好说‘我不会耶’。人生前期越嫌麻烦，越懒得学，后来就越可能错过让你动心的人和事，错过新风景。”

其实，很多时候我们放弃并不是因为难，而是受别人观点的影响。比如，事实可能是这样的：你想坚持唱歌，怕别人嘲笑，你放弃了。你想学习国标舞，人家说没什么用，你放弃了。你想学法语，怕辛苦，放弃了。结果就和蔡康永描述的一样，你只会说，“我不会耶”。

也许你害怕别人对你产生不满，也许是你自己没有坚持下去，那结果就是你只能说我不会，并且离期待中的美好自己越来越远。不要让别人的眼光暗淡自己的光彩，坚持自己才会光芒万丈。

坚持自己也许意味着孤独跋涉、寂寞坚守，但只要你愿意走，就能踩出路。有些你以为走不过去的，跨过去后再回头看看，也不过如此。不回避、不退缩，你终将会找到适合自己的路，也终究会在这条路上找到真正的自己。请记得要活成你期待的样子，只有这样，你才会喜欢自己，热爱生活。

只要你愿意，再贫瘠的人生，也能开出希望的花儿

命运靠自己改变。一位伟大的诗人写下这样的名句："我是今天的主人，我是掌握我灵魂的船长。"他告诉我们：我们是自己命运的主人，因为我们有力量控制我们的思想。

董卿很小的时候，她爸爸就让她每天抄成语、古诗，大声朗读并且背诵。稍大一点，又让她抄古文。除了文学素养，她还被要求锻炼身体。天没亮，爸爸就把还在梦乡的董卿喊起来，让她到家门口淮北中学的操场上跑1000米："那时候学生出早操，我一个人在400米的跑道上跑步，感觉特傻，整个学校的同学老师好像都看着你，像看阿甘一样。"

中学以后，每年寒暑假父亲都让董卿"勤工俭学"。种种苦涩的经历曾让董卿一度怀疑自己是不是亲生的。

直到大一放假，董卿的爸爸在饭桌上对她说："我跟你道个歉，我想了想，这么多年，我对你有很多方式不对，你别往心里去。"董卿的眼泪立刻掉了下来。她也慢慢理解了爸爸的教育方法。董卿的爸爸从小生长在农村，生活穷困。董卿的爷爷英年早逝，爸爸和奶奶相依为命。"我爸爸每天上学之前，都要先到池塘

里抓鱼、抓虾，跟着我奶奶到集市上把它们卖掉，挣些生活费再去上学。”

高中时，爸爸问学校的老师：“我应该考什么大学？”老师说：“你这么喜欢文科，就考复旦大学新闻系吧。”

当时，董卿的爸爸并不知道这座名牌大学的名牌专业有多难考。倾尽全力后，他最终考上了。

“我爸爸自己的经历让他特别笃信一点，就是人的命运要靠自己改变，一切都掌握在自己手中。他就是这么一步步走来的，所以对我也有着这样的期望。”董卿说，爸爸是个很严谨、很坚忍也很善良的人，很庆幸自己身上继承了他的这些优点。

陆游在诗中写道：“人生如春蚕，作茧自缠裹，一朝眉羽成，钻破亦在我。”我们脚下的路要自己走，才能显现人生的足迹。人生靠自己的努力，才能铸就人生的辉煌。

董卿说：“我没有安全区，靠谁都不如靠自己。”一个懂得靠自己的女人，虽然生活给予了她太多的负荷，她却用一种佝偻的姿势顽强前行。她从不轻易屈服于外界压力，因为她知道只有经历跋涉的煎熬、挫败的洗礼，才会渐渐变得厚重而丰盈。

J.K. 罗琳在 24 岁那年，从曼彻斯特到伦敦旅游，当行驶的火车在一个小站停下时，她看见外面有一个瘦弱、戴着眼镜的黑发小巫师，一直透过车窗对着她微笑。小巫师笑得很可爱，很调皮，一下子就抓住了她的心。于是，J.K. 罗琳萌生了一个念头：以这个小巫师创作一部作品，充分发挥自己的想象，把自己多彩的梦幻融入进去，给人展示另一个世界。

接下来，她开始动笔。为了节省家里的暖气费，她总是待在小咖啡馆里写作，由于没钱买纸张，她只能把故事写在捡来的小纸片上。尽管写作很辛苦，但她没有退缩，因为她不甘心靠救济金生活，她相信自己的能力。即使经历了伤害和磨难，她也要用自己的双手吃饭。

小说完成后，她把它寄给了几家出版社，但没有哪一家出版社愿意接受。后来，一家濒临倒闭的小出版社冒险出版了这部小说。再后来，美国一个不入流的小制片人觉得这部小说的故事不错，便把它搬上了银幕。

谁也没有想到，在短短的一段时间，她的小说长期占据了世界畅销书榜首的位置，那家小出版社起死回生，声誉大振，以小说拍摄的电影风靡全球，那个不入流的制片人也因此跻身一流的制片人行列。

这部作品就是《哈利·波特》。《哈利·波特》一连出版七部，每部都引起轰动，备受瞩目，好评如潮。它已被翻译成63种语言，在全世界的发行量已经超过4亿，创造了出版史上的神话。

一个成功的女人，凡事不需要依靠别人的施舍，也不希望财富与成功自天而降，她将命运之舟紧紧地掌握在自己的手中，创造属于自己的精彩生活。

英国诗人哥尔斯密说："不论在哪里，自己的幸福要靠自己去创造去寻觅。"女人只有靠自己，才能立于这个世界。遇事自己解决，才会养成一种自主自立的能力。

倪萍在《姥姥语录》中写道："靠山山倒，靠人人老。靠来靠去你就发现了，最后你靠的是你自己。"只有靠自己，我们才能经历生命的芬芳，体会到生命的真味，在自己的心灵开出一朵明艳的花。

别匆促接受眼前的限定，生命的奖赏从来不在起点

台湾女作家吴淡如曾经说过一句很有哲理的话："改变我所能改变的，接受我所必须接受的，让自己活得充实，永远不要画地自限。"不是命运给你什么，你就承受什么。比如，你改变不了环境，但你可以改变自己；你改变不了事实，但你可以改变态度；你改变不了过去，但你可以改变现在……只有这样，才不会被生活击倒，才能活出自己的精彩。

董卿的第一份工作是在浙江电视台，那时候她不仅当主持人，还当制片人，事业如鱼得水。不安现状的董卿在一年后去考了上海电视台，最终从七八百人中脱颖而出。

可是刚到上海电视台的日子，董卿无比失落。根本没人理她，也没节目可做，因为她是新人。年底的上海春节晚会，她负责联络、催场，跑前跑后，"姜昆老师吃饭了！""您该准备上场了！"璀璨的舞台，不属于她。那些无聊的日子里，董卿没有低沉和一蹶不振，她选择改变自己，于是选择了读书，并顺利地考上上海戏剧学院的电视专业，读完本科。

董卿从不局限于眼前的不顺利，而是不断地学习、提升自己，也正是这份骨

子里的坚强和不安分让董卿最终站上了央视的舞台。

一个成功的女性，从不向现实妥协，也绝不安于现状，她们的心中有着崇高的理想和目标，即使现实有很多阻碍，她们依然能踏过荆棘、越过山河，终究收获属于自己的不平凡。

作家汤木曾在自己的文章中写道：“生命的奖赏远在旅途终点，而不是在起点附近。你不知道要走多少步才能达到目标，踏上第一千步的时候，仍然可能遭到失败。但成功就藏在拐角后面，除非拐了弯，否则你永远不知道还有多远。再前进一步如果没有用，就再向前一步。很多时候，成功与失败，就在于你是否能够再坚持一下。”

我们的命运，从来都是要靠自己来把握。做一个成功女性，最重要的就是做自己想做的，通过努力达到自己对生命的追求，体现自己的生命价值，而不是平平庸庸地过一生。

董明珠出生在江苏南京一个非常普通的家庭，兄弟姊妹 7 人，她最小。虽不能大富大贵，但也算顺风顺水：她靠自己的努力，考上了安徽省芜湖干部教育学院，毕业后在南京一家化工研究所做行政工作，然后结婚生子，平淡幸福。

但是在儿子 2 岁的时候，董明珠的丈夫突然去世，对她来说可谓是晴天霹雳。那年她 30 岁。30 岁丧夫，还要一个人拉扯一个 2 岁的孩子，在很多人眼里，董明珠这辈子不会有戏了。

然而，丈夫去世 6 年后，36 岁的董明珠决定：不再接受老天不公的安排，要翻身做自己命运的主人。她把 8 岁的儿子托付给母亲抚养，独自一人南下闯荡，进入格力做了一名最基层的业务员。

加入格力第二年，董明珠在安徽的销售额突破 1600 万元，占整个公司的 1/8。随后，她被调往几乎没有一丝市场裂缝的南京，并签下了一张 200 万元的空调单子，一年内，个人销售额上蹿至3650万元。

在她的带领下，格力电器从1995年到2005年，连续11年空调产销量、销售收入、市场占有率均居全国首位。由于出色的工作表现和十分负责任的态度，2012年，58岁的董明珠正式被任命为格力集团董事长。她带领格力，成为中国首家营收破千亿元的家电上市企业。

2015年，61岁的董明珠终于实现了十余年的愿望，格力打入世界500强，排名家用电器类全球第一，年纳税额150亿元。

董明珠有一句名言：改变自己，然后你就能改变世界。世界以痛吻我，我要报之以歌。只要我们还有梦想，只要我们还没放弃，就该狠狠地改变自己，不要让生活把我们踩在脚下，而是要加倍地好好爱自己，享受生活，最终获取生命的嘉奖。

有人曾说："我和命运是朋友，君子之交淡如水，我们形影相吊又若即若离，命运的事情我管不了，它干它的，我干我的，不过是相逢一笑泯恩仇。"

它干它的，你干你的，不听从命运安排的女人心里都有一股子气，这股子气让她身材纤瘦，腰线也不会垮，即使到了60岁了，依然腰板挺得直直的，依然要唱动人的情歌，行走在江湖，依旧光彩夺目。

成功不是过万人瞩目的生活，而是过自己想要的生活

罗斯福总统的夫人在本宁顿学院念书时，打算在电讯业找一份工作，以补贴生活。她的父亲为她引见了自己的一个老朋友——当时担任美国无线电公司董事长的萨尔洛夫将军。萨尔洛夫将军热情地接待了她，而且还认真地问她：“想做哪一份工作？”她回答说：“随便吧。”将军神情严肃地对她说：“我们这没有任何一类工作叫‘随便’。”

如果一个女人没有明确的人生目标，不知道自己想要什么样的生活，那么她就好比在黑暗中远征，永远抵达不了成功的彼岸。

刚来北京的时候，董卿只能先租房住。她每次录完节目，走出电视台，总会踟蹰半刻。她谁也不认识，能去哪？想开车散心，车在上海的车库。只好招个的士，在拥挤车流里感受世俗的热闹；或者找家电影院，或者咖啡厅，打发时间。夜里回家，一推开门，有淡淡的浮尘，还有并排放着的四个箱子。

有时候她真想提上箱子转身就走，将呛人的流浪感丢在这陌生的房间。可是，“我要的是什么？不就是工作、激情和满足感？坚决不回！”董卿逼回眼泪，第二天依旧努力奋斗。

知道自己想要什么生活的女人，她们有一个明确的目标，即使再苦再累，依旧会坚持下去，决不放弃，她们最终都活成了自己想要的模样。

一个从事职业规划与咨询的专家曾经说过这样一段意味深长的话：“我经过多年的工作经历及观察发现，与微薄的收入和沉重的生活压力相比，更让人内心充满煎熬的是，大批年轻人并不清楚自己内心真正想要什么。他们不知道将来要做什么，不知道自己要走向何方，不知道自己在哪里需要坚持，哪里需要放弃。他们甚至还不知道自己喜欢什么、讨厌什么……一直处于一种随遇而安的状态之中，自然就不会去努力，即使有的人努力了，并且取得了一些成就，蓦然回首，也会发觉目前所拥有的一切不是自己真正想要的……”

这样的苦恼不仅仅刚毕业的年轻人会遇到，即便是一些工作多年的职场人士，也难免会不知道自己该往哪个方向努力，在现实中迷失了自己。这时就需要我们明确自己想要哪种生活、取得哪种成功。

你自己都不知道自己想要什么，命运又怎会给予你想要的东西呢？而当你自己知道自己想要什么的时候，并为之努力，那么，世界就会为你让步。

美国优先项目主持人在美国大选之前，采访到了一位来自北弗吉尼亚州的11岁小姑娘。这名11岁的小姑娘面对镜头显得非常淡定，向记者大胆表露自己为什么如此强烈地支持特朗普，“特朗普和其他的政客不同之处在于，在面对复杂的国家问题时，只有特朗普是真正想解决问题的，并且能够提出自己的实际解决方案，而其他人都只是纸上谈兵，这不禁让我眼前一亮。我相信特朗普是认真的”。

更加令人称道的是，采访的最后，这名小姑娘阐述了自己的人生规划，清晰得令人震惊。她称自己未来会从宾州大学毕业，之后会做警察，再做私人侦探，一直做到法官。“如果我的祖国需要我，我就会竞选总统。”

网友们看完视频后都自愧不如，大呼：我可能看到了美国未来的女总统！真佩服 11 岁的小女孩就有如此明确的人生目标，知道自己想要什么！

荷马史诗《奥德赛》中有一句至理名言："没有比漫无目的徘徊更令人无法忍受的了。"知道自己想要干什么，并且明白自己能做什么，是女性事业成功的第一步。我们只有明确地知道自己想要什么，才会对生活无限热爱，才会有机会与成功相拥。我们的目标不一定是做总裁，当明星，哪怕减重几斤，不再熬夜这样的小目标都可以。只要我们敢于制定目标，并且孜孜不倦地坚持，那么你想要的，岁月都会给你。

也许在追逐自己想要的生活途中，我们会受到批评与排斥，会感到孤独，成功的人，大多数都孤独过。问问我们自己，愿意和批判我们的人交换人生吗？答案是很清楚的。我们不需要全世界的理解和陪伴，不必强求无所谓的结果和答案，因为人生在世，知道自己爱什么，知道自己要什么，知道自己在做什么，就够了。

做一个明媚的女子，不倾国，不倾城，只倾其所有过自己想要的生活。

请相信，你的坚持，终将美好

无论你正在经历什么，都请不要轻言放弃，因为从来没有一种坚持会被辜负。谁的人生不是踏着荆棘前行，你跌倒的时候、懊恼的时候，品尝眼泪的时候，再坚持一下，你终将会收获属于自己的美好。

有专业人士说，文化类节目很不好做，没有起伏、没有狗血，无法吸引观众的注意力。而《朗读者》甚至连竞技的噱头和悬念都没有。董卿说："我们花一年时间建了一个'读库'，有几百个篇目，每一篇都是我们在办公室读过、筛过的，甚至有一些，叫我当场泪流。现在想起来，那些下午都挺美的。"想要打造一个观众喜欢的节目，董卿和她的团队只能多做再多做功课。节目背后的艰辛可想而知，但是董卿都坚持下来了。

《朗读者》首期，董卿曾两次去"人艺"拜访，最终把正在排练的濮存昕请来为《朗读者》打头阵。董卿也曾介绍说，每件事的成功都需要坚持。

为了邀请翻译家许渊冲，董卿说："邀约到老先生其实并没有那么容易，最初上门拜访许先生很高兴，而后节目一直没有推进，也就搁置了下来，导演再去敲门的时候，老先生就很不开心，觉得我们是一群有头无尾的年轻人。不过导演没有气馁，买了果篮带着诚意再登门道歉。"董卿郑重地说："许渊冲真的是可遇不可求的嘉宾，他让大家知道我们想做成一档怎样的节目。”

《朗读者》的录制并非完全顺利，每期嘉宾的选择就让董卿很伤脑筋，她说：“读本的选择是很艰难的，要跟嘉宾的性格、故事契合，又要尽可能兼具文学性和情感的饱满度，适合电视传播。”但是最终董卿都坚持下来了，给观众交上了一份满意的答卷。

每件事情的成功，都离不开人们的坚持。只有坚持下去，无论这件事情多么难，有多少阻碍，最终一定会以你想要的样子呈现给你。

英国作家塞缪尔·约翰逊说：“伟大的作品，不是靠力量，而是靠坚持才完成的。”而创造伟大作品的人身上都具有“匠人精神”。所谓“匠人精神”就是对工作执着、对所做的事情和生产的产品精益求精、精雕细琢。

一只红漆作底，朵朵梅花的碗；一个木胎沉稳、大气雅致的花瓶；又或者是奶奶用过的首饰匣，其中都蕴藏着漆器匠人无数次打磨时手心的温度。上灰、裱布、打磨，这样的过程要重复几十次。每上一遍漆，就要存放在窨房里(类似于地下室)，在保湿中阴干。经过时间耐心而缓慢的打磨，漆器表面才会产生古朴、圆润的光泽。通常一件漆器的制作要耗时几个月甚至半年时间。

我们要像匠人一样，认真且执着地对待每一份工作。如果你想成为一名歌手，那么就坚持练习自己的发声，熟练掌握真假音的转换等歌唱技巧；如果你想成为一名作家，那就坚持每天写一篇文章，把它给朋友和家人传阅，在他们指出不足的同时不断提升自己的炼字水平。只要持之以恒地坚持下去，那么我们一定会在自己的领域成为“匠人”。

徐姿静，现任四川剑南春股份有限公司副总工程师。连续三届国家级白酒评酒委员，国务院政府特殊津贴专家，高级品酒师、高级酿酒师。

徐姿静在一次采访中向大家介绍了品酒师的工作和要求：品酒师需要眼观色、鼻闻香、口尝味，并综合色、香、味三方面感官印象确定风格。每一位品酒师每天需要完成40坛原酒的尝评工作，遇到生产量大时还会更多。为了对每一坛酒的品质做出准确判断，一位品酒师对每坛酒需品尝3次，而且同一坛酒需要2至3位品酒师分别做出判断并进行比对再确认结果。

品酒师要保持敏锐的味觉与嗅觉，必须做到八个字："清心寡欲，严格作息"。有人问徐姿静，每天和酒打交道，是不是像传说中的那样拥有"海量"呢？徐姿静笑着说道："这是一个误解，作为品酒师是不能酗酒的，因为大量地饮酒会破坏味觉和嗅觉，所以在平常生活中一般是不饮酒的，就算朋友聚会，为迎合气氛，也需严格控制饮酒量，不会多。"

按照"清心寡欲，严格作息"的原则，品酒师不仅要严格限制饮酒，在生活的各个方面都需要有所克制。作为一个土生土长的四川人，徐姿静说她天生就喜欢吃辣，但工作原因却不能吃辣。"我的饮食永远都很清淡，任何的化妆品也不能使用，因为刺激性的饮食和味道会伤害到人的味觉嗅觉。"而经常熬夜也会对味觉嗅觉造成伤害，所以从事品酒师20多年的徐姿静坚持每晚10点半之前就上床睡觉。

无论是制作节目还是品酒，这个过程考验的都是女人能否坚持下去的能力。在我们的日常生活中也一样，你想掌握一口流利的英语，三个月的速成班是不可能实现的。它需要我们每天早上起床拿起英语书和杂志来大声朗读，这个习惯至少需要一年；你想在一个月内减重20斤，吃减肥药、节食不仅不会帮助你实现目标，还有害于身体健康。最好的办法莫过于每天坚持跑步半个小时，当你坚持下去了，身材一定会变好。

也许有人说，可是坚持下去很难啊。其实只是你把它看得太难了而已，当你首先坚持21天，养成一个习惯的时候，剩下的无数个21天你就会习惯性地做这件事，并不会觉得难。

一朵盛开的花都是由许多雨、血、泥和强烈的暴风雨环境培养成的，它从不放弃，因为它相信：坚持，终将美好。

玻璃缸里的美人鱼，永远享受不到战胜风浪后的愉悦

2004年雅典奥运会第一金得主——中国射击女将杜丽说：“顶住压力的唯一办法，就是享受压力。”的确，在千斤重担的压力下，我们所能做的，就是享受压力。我们要勇敢地面对压力，一步步地克服它、解决它；而当我们汗流浃背、气喘吁吁地抵达海的对岸时，我们将自豪地说——我就是战胜风浪的“美人鱼”！

尽管说文化节目不好做，但董卿说自己很享受，人在压力下全情投入、释放的这个过程，“很过瘾”。或许，从她进入电视行业的那一刻，她就是这样一个不断给自己加压，一次次挑战自我的人。

当年董卿决定放弃上海的闲适优渥，提着箱子就到了北京。没想到，这箱子一提就是整整两年。

《魅力12》这档节目非常辛苦，辗转祖国西部录制，又是董卿完全不熟悉的民歌领域，“最初，我真的分不清陕西民歌和山西民歌，也不知道内蒙古的花儿和宁夏的花儿有什么区别，”董卿说，“你觉得你明明很努力，花了很多心血，却没有多少人看到、关注你的成果。”在那两年里，她有过很多灰心丧气的时候，甚至有一些夜晚，她独自对着厚厚一摞稿子，“想撞墙”。

但回头看，她说那是不知不觉的成长，“我很感谢那些压力、迷茫和无措，让我变成了现在的‘董卿’，一个想要知道稿子的每一个字背后故事的主持人”。

把压力当动力，当目标，我们就会有行动的方向和力量，当达到了一个目标，对自己提出更高的目标，然后再继续努力。我们在享受这个过程，也就是在享受压力带给我们的动力。

在我们的成长历程中时时都有压力的陪伴。高考的压力、工作的压力等这些都是我们无法回避的。如果害怕压力，不参加高考，你失去的是进入大学学习的机会；如果无法顶住工作的压力，你就不会在工作中取得出色的成绩。面对压力时，只有坦然面对，我们才不会被压力吓倒。把压力放在脚下，我们才会前进，才会让自己的生命绚烂多彩。

2016年，朱迅接手主持《星光大道》，成为《星光大道》唯一的女主持人。接手主持《星光大道》，朱迅最大的感受就是累，“真的是工作量一下就大了很多，《星光大道》是个体量非常大的节目，它有自己延续下来的传统，需要我们去学习。所以整个适应的过程工作量就会大很多”。

她一天的行程是这样的：早上6点起床，6点半出门，7点半在铁道大厦集合，去人民大会堂参加文代会，然后开会到中午，回到驻地吃饭，小组讨论到3点半，出发到《星光大道》录影，接受采访，准备到7点半开始录制节目，12点半录制完成后，开个短会，总结下今天的状态，布置一下明天的日程，回到家差不多夜里2点左右，然后明天继续6点起床。

排满的日程，无缝连接的工作，让朱迅有时也会特别无助地对工作人员说：“给我一天，一天休息时间行不行。”虽然压力很大，工作量也大，但是朱迅却无怨无悔，“我真的很快乐，我真的很享受在舞台上跟老百姓一起哭一起笑一起跳一起闹的状态。我觉得合格的主持人需要有自己的态度、自己的立场，因为不只是要制作一档暖人心的节目，有责任和担当，更要告诉大家什么是对的，什么是善的，什么是好的，什么是我自己内心真正的声音”。

现实生活中很多人都被压力压得喘不过气来，她们抱怨高三那一年简直不是人过的日子。可是当你考上了理想的大学，坐在大学教室窗边的椅子上，听老师讲那些你不知道的事情和见闻时，你的嘴角一定会露出喜悦，因为你知道如果没有高三时的学习压力，你怎么会遇见优秀的老师和美轮美奂的大学呢？

工作中的女人也常常抱怨工作任务太繁重，没有自己的休闲时间，甚至还要加班加点地赶稿子，但是看到一个月后自己满意的作品，此刻的你会获得相当大的成就感。你甚至会觉得实现了自身的价值，溢于言表的愉悦之情令你在一段时间内都会情不自禁笑出声来。

把压力当成享受才有助于我们形成一种积极乐观的工作态度，才愿意在工作中多思考，想办法，把工作做好，工作好了自然会得到领导赏识，获得成功。

“不管风吹浪打，胜似闲庭信步”，享受压力的女人都有一种豁达的品格，她们非常享受那种战胜风浪后的快乐。

努力，只为遇见更好的自己

我们的人生只有一次，很多事情现在不做，以后更没有精力和时间去做了。为什么不在最年轻最有拼劲的时候，去努力达到自己想要的呢？也许不一定会成功，但至少，在努力的过程中，我们已经打败了那个坐享其成、不知进取的自己，已经磨炼出一个更好的自己。

《朗读者》首播当晚，董卿找了一间朋友闲置的房子，带着自己的“小伙伴”和两瓶红酒，坐在电视机前等着节目正式开播。其实，董卿心里还是充满了忐忑。

随着第一期节目的结束，董卿和伙伴们举杯庆祝，大家都很激动很开心。但开心过后，她的团队就立马开会，总结得失，逐一列出遗憾和缺漏。

董卿说，当晚她的爸爸给她发了一条很长很长的微信。微信中写道：“真是不简单、不容易、不寻常。你大半年的呕心沥血，多少日日夜夜的殚精竭虑，终于结晶出耳目一新的精品力作。”父亲的爱和鼓励让董卿很感动。

同时，作为董卿最忠实的观众，父亲也提了一些诚恳的意见，“在好评声中也要倾听不足和缺憾。你妈讲的我也有同感，前头层层叠叠，容易失去不够耐心的观众，能否尽快开门见山，让观众及早知道《朗读者》究竟想讲什么……”董卿的眼泪不自觉地就落下来了。

她红着眼睛说："这一年，忙成这样，对他们是充满歉疚的，但看到他们扎扎实实的鼓励和肯定，你又会觉得自己真的做了一件特别对的事情，而且想要更努力，做得更好些。"

也许所有我们为什么要努力的答案，都比不上这一点：因为我们只有一辈子，我们的人生只有一次。

很多事情现在不做，以后真的更没有精力和时间去做了。我们总习惯拖延，习惯告诉自己时间还很长，可是当下的每一天才是弥足珍贵的。何不在自己最年轻最有拼劲的几年里去努力达到自己想要的，这样以后的道路也会好走得多。

这个世界上最可怕的不是有人比你优秀，而是比你优秀的人依然还在努力，那么这样的你为什么还不去奋斗。人从来不怕大器晚成，怕的是一生平庸。我们要在有限的时间里让自己发光发热，无可替代。

林徽因，是一代人心中的女神，她在每个阶段都活得超级努力。即使在晚年，她的身体状况不是很好，她依然尽心尽力地工作。

在新中国宣告成立前夕，全国政协发布启事，征集国旗图案、国徽图案、国歌歌词。在多方面考虑之后，清华大学担任了这一重任，然而当时梁思成因为事务繁多，无暇顾及一些具体的设计工作，便让妻子林徽因担当起了实际设计任务的重任。

当时林徽因正在病中，家里的客厅变成了工作的地方。很多时候她只能坐在床上，面前搁一块木板便是"工作台"，她完全忘记了自己重病在身。在这次工作中，林徽因没有丝毫的懈怠，她兢兢业业地时刻奋斗在设计的最前线。

最终，林徽因与梁思成大胆突破了以天安门为主体的设计要求，缩小其在整个图案中的比例，突出五星，表达了新政权的特征。协会全票通过了这个设计方案。林徽因也证明了自己在设计方面的天赋，受到了他人的赞扬和尊重。

趁微风轻拂，青春正好，我们要尽最大努力成为更好的自己，过自己最想过的那种生活，为自己的目标努力。当我们全身心投入一件事情的时候，就不再整天想睡懒觉，不再熬夜想念那个人，也不用刻意去想怎样好好生活，删掉那些原以为离不开的东西，然后我们会发现，生活原来这样美好。

也许我们始终都是一个小人物，但这并不妨碍我们选择用什么方式去生活。这个世界永远比我们想的要更精彩。只要肯努力，我们就一定会在未来收获一份美好。

第四章

拼着一切代价，奔你的前程

人生不只是苟且，还有事业和远方

会影响女人命运的无外乎两件事：事业和婚姻。但是很多女人，却没有对这两件同样会左右自己命运的事情，给予相等的关注。

女人一旦到了年纪，总是首先考虑婚姻大事，会非常谨慎地为自己挑选一位如意郎君，而对于从事什么样的工作却往往抱着随遇而安的心理，任凭形势自由发展。

可是，现如今，女人在社会中承担着和男人同样重要的责任，事业对于女人的意义，变得越来越重要，可以说事业才是女人人生中最华丽的背景。

董卿在自己的事业上一直非常努力，尽管有时候累得想哭，她也仍旧坚持。有喜欢她的网友总结道："董卿老师的工作量半年已达到 70 场，简直是超负荷工作。看到我喜欢的女神都这么努力，我岂能偷懒？"

如今，董卿早已迈上了事业的巅峰，但她很早就意识到，没有一个人可以永远站在核心舞台上。她说："用最大的努力把我该做的事做好就可以，其他不必想太多。现在对我来说，无论精力还是经验，都是黄金时间。毕竟有十几年的工作经验，毕竟还算年轻，应该还可以在这个舞台上为大家做一些好的节目。"

对于任何一个女人来说，拥有属于自己的事业都很重要。工作不仅能够让女人展示自身价值，也是让男人看得起自己的一个方式。所以，聪明的女人一定要拥有属于自己的事业，千万别一心指望男人，这个世界上没有谁会给你依靠一辈子。所以，我们要记住：自己想要的自己给。

女人只有经济独立，才能灵魂挺拔，过上自由自在的生活。工作，让女人走出狭小的家庭生活空间，让女人的视野更加开阔，心思澄明，静若繁花。面对一个自尊自爱、自立自强的女人，每个人都会由衷感叹她的美丽。

民国才女凌叔华也是一生为自己的事业而奋斗的女性。凌叔华出生在北京的一个仕宦与书画世家。凌叔华的父亲凌福彭，出身翰苑，光绪十九年中举人，与康有为同榜进士。他精于辞章、酷爱绘画，曾与齐白石等著名画家关系甚密。

在这种家庭环境的熏陶下，凌叔华从小便受到文学艺术的陶冶，自小她就拜了著名的女艺术家、慈禧太后的画师缪素筠为师，还受到文化界一代怪杰辜鸿铭的教育。在七八岁时，曾拜著名山水兰竹画家王竹林为师，后又从女画家郝漱玉习画，这使得她的绘画技术有了坚实的基础。

16岁时，凌叔华被家人送往英国求学，她永远记得自己的人生导师香奈尔跟她说过的“四项基本原则”：第一项，要喝好酒；第二项，要穿漂亮衣服；第三项，要有独立的事业；第四项，要懂得与人分享。

凌叔华回忆过往时曾说，与香奈尔一起工作的两年，是她人生经历中最重要的两年，她从香奈尔那里知道自己要做一个什么样的女人——独立与奉献。回国后，凌叔华将绘画当作自己的一生事业来追求，并且举办过许多次画展。大学毕业后，她的画作便参加了国际画展。20世纪50年代后，她在巴黎、伦敦、波士顿等地举办过多次画展。

有人说："女人若想活得精彩，就一定要生活稳定而内心不稳定。"内心不稳定，意味着有目标和活力，而且还可以不断地充实自己、完善自己，使自己的境界不断提升。这份内心的不稳定，同时也是敢于追求自己热爱的事业，探索自己内心真正的需求和满足。

事业会给女人带来幸福感，女人自己有了事业就有了经济来源，有了生活的保障，更有了付出的资本。我们可以给家人、给孩子、给朋友甚至给男人付出一些关爱，比如说带家人享受大自然的美景，给家人买需要的礼品，给孩子更好的教育，给男人精神再加物质上的支持。有资本帮助身边的人，我们都会觉得自己格外的幸福。

拥有一份事业，我们会更喜欢这样努力的自己，这样不顾一切的自己。诗人哈菲兹说："在年轻人的颈项上，没有什么东西能比事业心这颗灿烂的宝珠更迷人的了。"

心中有方向，就不会一路跌跌撞撞

一位哲人说过，一个人最重要的不是他所取得的成绩、他所在的位置，而是他所朝的方向。《南辕北辙》的故事几乎人人知道，试想，为什么出色的良马和高超的驾术都不能让故事中的主人公直奔目的地呢？就是因为他选错了方向。可见方向对于一个人来说是多么的重要。

只有选对了方向，才能有前进的动力，才有成功的希望。正确的方向，既是成功的开始，又是成功的保证。

在《中国诗词大会》上观众见识了主持人董卿的慧心如兰、由内而外散发的文化气质，而《朗读者》则让人们看到了她对精神世界的追求。

《朗读者》以个人成长、情感体验、背景故事与传世佳作相结合的方式，选用精美的文字，用最平实的情感读出文字背后的价值。节目旨在实现文化感染人、鼓舞人、教育人的传导作用，展现有血有肉的真实人物情感。

董卿笑言："很多人问我为什么要做《朗读者》，可那么多优美的文字就等在那里，我想反问的是，为什么我不去做呢？"

"我在电视行业已经二十二年了，到了去做一档自己真正喜爱的节目的时候，央视作为国家级电视台，也到了一个扛起文化大旗、承担起文化传播职责和使命的时候，大背景和我个人共同寻找到了一个默契点，所以《朗读者》诞生了。”董卿一直没有忘记心中的理想和目标，《朗读者》就是最好的见证。同时，在真人秀节目霸屏的今天，文化类综艺节目无疑是一个正确的方向。

现实生活中，很多女人做事有时候会漫无目的，只是为了做事而做事，为了填充心中的空虚和恐慌而忙碌。到头来，时间过去了，精力付出了，却没有得到很好的效果，心情越来越紧张，甚至将事情越弄越复杂。

相反，心静如水、排除一切杂念、心中有目标和方向的女人，自会深谋远虑、未雨绸缪，如此也就能从容镇定、心无旁骛地付出所有的努力去实现那个既定的目标，任尔雨打风吹去，深信没有穿不过的风雨、涉不过的险途。

一个女人只有拥有了自己的方向和目标，才能以一朵花的姿态行走，穿越季节轮回，在无声中不颓废，不失色，一生，花开成景，花落成诗。

60 岁开始学习认字；76 岁出版了自己第一本书；78 岁成为中国作协会员；80 岁学习画画，向着画家的梦想努力。这个人就是传奇奶奶姜淑梅。

1937 年出生的姜奶奶没读过书，不识字，甚至连自己的名字都不会写。但是父亲去世后，为了让母亲从悲伤中走出来，女儿艾苓提出让姜奶奶学习认字写字。于是 60 岁的姜奶奶开始学习识字。

从最开始看幼儿认字图书，到看《一千零一夜》，后来看莫言的《蛙》《檀香刑》。姜奶奶靠着自己的努力摘掉了“文盲”的帽子。

75 岁时，姜奶奶又有了新的目标：写作。一开始她总是写得磕磕绊绊，有时候一天写不到一句话。写出来的故事没什么意思，病句倒是不少，甚至很多字都不会写，但这并不能阻挡她写作的热情。

“只要睁开眼睛，只有吃饭耽误我的事，上厕所耽误我的事，剩下我都用在写作上。”渐渐的，姜奶奶的故事写得越来越流畅，也越来越生动。

2013年，姜淑梅奶奶出版了她人生第一本书《乱时候，穷时候》。从那之后，姜奶奶为自己定下来一个目标：一年出一本书。到现在，姜奶奶已经出了4本书——《乱时候，穷时候》《苦菜花，甘蔗芽》《长脖子女人》《俺男人》。

2014年，姜淑梅奶奶成为黑龙江省作家协会的一员；2015年，她加入了中国作协，成为一名当之无愧的作家。

80岁时姜淑梅奶奶又开始学着画画，为自己的新书画插图。她还为自己立下了一个小目标：“要是老天爷能给我时间，我的梦想是90岁之前成为一名画家。”80岁的姜奶奶把人生过成了诗一般的模样。

姜淑梅奶奶告诉我们：“想做啥事，你就下定决心，一心一意地做去，别三心二意，它就能做成了。”在漫长的岁月里，每个女人都有足够的时光充实自己。只有带着丰盛的自己，才能将此生过得润物细无声，却又惊艳了无痕。

我们只有在心中先有一个明确的目标和方向，一切才会变得简单、明晰，做事的时候才不会被各种外界条件和现象所迷惑，才能获得一颗沉静如水、波澜不惊的心灵，才不会在一路上跌跌撞撞。

去做，生活的魅力就在于它的不可知

叔本华说，人类幸福的两大敌人是痛苦和厌倦，即使我们幸运地远离了痛苦，也会因为靠近厌倦而变得不幸福。真正吸引我们的不是绝对的都市生活或绝对的田园生活，不是绝对的忙碌节奏或绝对的慵懒节奏，而是这两者的平衡，是不确定和变化本身。

唯有变化才让人满足，充满不确定的明天才是明天，充满惊喜变化的生活才是生活。董卿喜欢这样的生活，她说："谁也不知道自己的将来会怎么样，而生活的魅力就在于它的不可知，我们只是去为未来做努力。"

当年，董卿打算去北京发展，在上海台录完最后一次节目时，已是深夜。董卿一个人开车回家，她摇下车窗，把音乐调至最大，风呼呼地吹进来，眼泪便情不自禁流下来。"马上就要告别这座城市，很伤感。关键是不知道未来会怎样。如果当时有人告诉我：董卿，你在央视会做得很好。我就不会哭了，我会义无反顾。哈哈！人的抉择之所以艰难，是因为你只知道失去了什么，但你根本不知道自己会得到什么。"这或许就是她自己口中所讲的，人生的魅力就在于它有可知和不可知的两部分。

虽然，已知的生活会给人心安的感觉。但是，千篇一律的剧情总有让你感觉到无聊的那一天。生活总是充满着太多的未知，而正是未知才能够激发我们内心的潜力，推动着我们生活下去，不论艰难险阻，因为我们相信这“未知”不总是噩运，而且一定会有美好的存在。

凭着我们对“未知”的渴求和期待，再坎坷的路，我们也毫不畏惧，勇往直前，就像暴风雨中的海燕，劈风斩浪，一往无前，冲破道道雨幕，重重障雾，最后能够拨开云雾见日月。

然而，不少女人会害怕“未知”，害怕它会带来灾难与不幸，害怕它会把自己的生活搞得毫无秩序。可是，道路有坎坷和平坦才算完整，而生活不就是因为快乐和痛苦交织才会显得美好吗？因为有了“未知”，我们的生活才会如此精彩和迷人。

有记者问柴静为什么当年离开长沙来北京，柴静说：“我是个比较喜欢生活中有各种可能性的人，而我当年才 22 岁，觉得那种状态不断干下去，可能思想和肌肉都会萎缩老化，我害怕，想找一个不知道明天会怎样，充满未知的世界。我很肯定的是它会改变我职业状态中的生活方式。”

著名女作家辛波丝卡在她的诗中写道：“他们彼此深信 / 是瞬间迸发的热情让他们相遇 / 这样的确定是美丽的 / 但变幻无常更为美丽。”一成不变的日子往往会令我们失去生活的激情，从而对它产生厌倦。

有这样一则寓言：一个人很想知道自己未来的样子，但当神满足了他的要求后，他后悔了。因为在他 20 岁的时候，就知道 60 岁的结局，这中间 40 年的生活，还会有意思吗？

其实我们自己可以寻找生活中的乐趣和变化。最简单的方法是创造新的爱好，为生活注入新的事物，可以学一门新语言、画画、写作、摄影、短途旅行、跑步，甚至是烘焙。例如，当我们对着电脑发呆，感觉工作没有激情时，我们可以计划一下在日常的生活中添加一些什么，我们可以选择加上夜跑，跑完步神清气爽；对一贯的文字加图片的写作厌倦了，我们可以买一个数位板，查相关资料，开始学习插画，给自己的文章配图；对每周听讲座、看电影厌倦了，我们可以查一下最近有什么好玩的活动，像街头索吻、深夜故事会等，报名参加……尽管这只是小小的变化。

生活就像一个调色盘，每一个颜色都不特别，每一件事都没有多出众，可能只是日常生活的一部分，但是组合起来就是特别漂亮的生活，写作、画画、跑步、谈恋爱……都是有趣的事。

如果说最初寻找新的爱好，是因为我们想要更多姿多彩的生活，那么最终我们爱上寻找新的爱好，是因为看到自己充满活力、不畏艰难、勇于追求的样子。这大概就是生活中充满未知变化的魅力吧。

你的努力，终将成就无可替代的自己

无论这个世界好与坏，无论是公平还是不公平，无论是现实残酷还是温暖美好，你都要为之奋斗！你的努力，是改变未来的决定性力量。要相信：每一个发奋努力的背后，必有加倍的赏赐，必能成就不可取代的自己。

有人问董卿，怎样才能抓住千载难逢的机会呢？董卿说："没有什么方法，我们在机会来临之前唯一能做的，就是忍耐和努力。"只有你做好了充分的准备，机遇来临时你才能从容不迫地把握好它。否则，就算天上真掉下一个馅饼，你也有可能抓不住。

董卿刚到央视的时候，在录节目之前她都要查阅大量资料，找出一些有用的部分，摘抄在小卡片上，在节目中有针对性地引用。下了节目，她也会向观众征求意见，看自己有哪些缺点和哪些需要改进的地方。正是由于她充分的准备和幕后的努力，整个节目过程中，董卿可以不出任何差错。

对于未来，董卿有很多期待，她说："我不想只是做一个大家都认识的、能叫得出名字的人，而是要做一个有价值的、受人尊敬的主持人，这是我的梦想。"在这个追求梦想的路上，董卿一直在努力，从未停歇。

成功其实没有捷径，日积月累才能厚积薄发。但凡一鸣惊人的女人，肯定是默默无闻过一个相当长的时期，只有拥有稳扎稳打的实力后，她才能够走向成功。

时光从来不会辜负你的隐忍和努力，如果它许不了你一个“梦想成真”，它一定会补你一份“无心插柳柳成荫”的机会。只不过是或早或晚，或显性或隐性，或物质或精神，不同呈现方式的差别而已。梦想也许会像个成年人一样喜怒不形于色、高深莫测，但是时光一定会像个孩子，单纯得像一面镜子，你付出就会让你有所获。

朱迅在日本留学期间，误打误撞地进入日本 NHK 电视台，并且朱迅还是在多家日本电视台有固定节目的唯一的中国籍主持人。

后来回国后的朱迅经过严格的考试进入了中央电视台。本以为所有的事情都顺风顺水，她又回到了自己熟悉的舞台上，谁知走进中央电视台才发现这里的一切和日本完全不同。“在日本所有的画面都是固定的，每一个镜头，甚至会有分镜头剧本；而在中国，一切都是灵活机动的。最关键的就是在日本做主持人，稿子都是有提示牌的，但是在中央台却要主持人脱稿，这也是衡量主持人业务水平的标准，所以自己必须从头学起。”

“其实刚回来的时候，觉得很可怕，这些主持人的记忆力太惊人了！五点钟拿到稿子，7 点上节目居然牢记于心，我却连记个开头都很困难。于是，我就利用休息的时间背古文，在节目间隙背，睡觉的时候也背，看别人的节目，也在自己的节目中找问题。”

在这样的努力下，朱迅一步步走了过来，成为《正大综艺》《周末喜相逢》《神州大舞台》等热播节目和大型晚会的主持人，并且在 2009 年、2011 年登上中央电视台春节联欢晚会的舞台。她还获得了中国播音主持界最高荣誉“金话筒奖”。

古往今来大多数人的成功，是“天将降大任于斯人也”的努力和执着。唯有最艰苦的忍耐、最艰难的坚持，以及最崇高的梦想，才值得获得最经久不息的掌声。

然而在这个快餐时代，人们固执地以为，只有速成，才是指向成功的唯一标准。我们总希望今天努力，明天就要有结果；总喜欢明天考试，今天才开始复习；总觉得今天跑步，明天就能减肥成功。

可是，就算是再快的年代，也需要不计回报的寂寞时光去积淀，去一步步安静地积累，才能有明显的改变。

一个人坚持跑步一周不难，坚持学英语几天不难，难的是把优秀养成习惯，坚持七八个月，坚持一年，坚持更久。

这世界其实可以很公平，你想一年减肥十斤，最好的办法就是少吃饭；你想三个月减肥十斤，就少吃饭，多运动；你想一个月呢，少吃饭，狂跑步。可如果你想一天就减肥十斤，恐怕除了节食之外，就要抽脂、动刀了。

学习也是这样，为什么我昨天看书了，文化素养还是没有提高？为什么我这两天背单词了，英语还是没有突破？为什么我昨天突击了，考试还是没过？

那些闪着光芒的人，谁知道他在阴暗的角落里遭受过多少寂寞和忍耐；那些在台上辉煌的人，谁知道他经历了多少无人问津的努力。

这世上没有毫无理由的横空出世，世间的美好，不过是耐住寂寞，坚定不移而已。你要相信，时光，不会辜负每一个默默努力的人。

任何值得实现的梦想，都没有捷径

一位成功女性曾用一句话总结她的经验："你要想比别人优秀，就必须坚持每天比别人多付出半小时。"是的，勤奋是每一个成功女人必须保持的秘诀。许多成功的女人，并没有比别人多许多优势，而只是她在工作中比其他人多认真了一点而已。

董卿能够成为一名非常优秀的主持人，和她拼命努力的结果是分不开的。她说："我从浙江电视台到上海东方电视台，再到中央电视台，经历了近十年的积累。其实没有一个人是天才，我更不觉得我是天才，我做主持人没有捷径，就是准备再准备，这是我的法宝，我把可以预料到的一切因素都考虑进去。"

2004年7月，董卿被委以重任，主持"第11届全国青年歌手大奖赛"。从2004年7月9日到29日，专业组和非专业组一共有30场比赛，每天晚上要直播近3个小时。所以，董卿必须每天下午4点开始彩排，到10点直播结束后，换掉礼服的董卿还得进入会议中心，和老师核对次日的考题。等到一天的工作结束后回到家，已经是凌晨3点了。可是董卿还不能立即睡觉，她还要打着哈欠背台词，为第二天的节目做准备。

一年后，多年辛勤经营的董卿终于迎来事业的大丰收——以黑马的姿态登上春晚，不可否认的实力让她荣登新一代央视当家主持。

从默默无闻到走上春晚的舞台，董卿整整花了十年的时间。她付出的努力是很多人看得到的。董卿现在的成功都是她一步步地走过来的，现在的大红大紫也是她努力得来的。

稻盛和夫说："年轻人都有想干一番事业的理想和愿望。不过，切莫忘记，那是靠一步一步、扎扎实实的努力来实现的。不想付出，一味描绘宏伟的蓝图，那只能是一场黄粱美梦而已。"世界上绝对没有不劳而获的事情，空想是没有多大价值的，成功的女性无一不是按部就班、脚踏实地努力。

不积跬步无以至千里，不积小流无以成江海。任何一个女人，只要试着在工作中多做一点，多努力一点，就会发现，自己起初的目标已经在慢慢实现，经过岁月的磨炼，最终我们都会得到自己想要的一切。

6岁时就开始学习炒股，7岁时收到钻石做生日礼物，一出生就坐拥20亿美元继承权的伊万卡，在很多人眼中，完全没必要努力。但是伊万卡不仅长得美，甚至比大多数人都努力、都拼命。

她从小就知道"不劳而获是一种耻辱"。于是，她上高中时就开始打零工当模特，凭着高挑的身材、靓丽的外表和自身的努力，16岁时就登上了美国著名少女杂志《Seventeen》的封面，同时她还在为《Elle》《Glamour》等杂志担任模特，同一年，她还成为美国妙龄小姐选美比赛的主持人。

18岁的时候伊万卡考上了世界首屈一指的宾夕法尼亚大学沃顿商学院，2004年又以全优成绩毕业。

大学毕业后，伊万卡没有马上进入父亲的集团，而是先去纽约一家地产公司做基层，她说："我不想一辈子只有在特朗普集团工作的经验，而是想先看看别的公司的经验，了解房地产业各个环节的工作。”

两年后伊万卡的能力得到爸爸的认可后，她才进入家族企业，刚到不久，她就拿下了好几个大项目。

明明可以过着非常优渥的生活，却硬要做“拼命三郎”，伊万卡每天工作16个小时，有时候最多睡4个小时，虽然身在家族企业，但她却没有丝毫懈怠。

她说：“我必须对自己狠一点。如果我干得不好，也会被父亲解雇的。我希望能用自己的成绩赢得同事的尊重。你们可能觉得朝九晚五上班已经很辛苦了，我要比那卖力得多呢！”

伊万卡说：“在公众眼中，我拥有完美的人生，但是他们都不知道我有多努力才得到这一切。其实我的人生中也遇到了许多挑战，但是我感谢这些挑战，因为它们让我成长。”

我们总是羡慕女神拥有高品质的生活，却忽略了她们为此付出的努力。越努力，越幸运。在这个世界上，没有人能够随随便便地成功，任何成功背后，都需要我们付出辛勤的劳动和努力的汗水。

只要努力了，你想要的，岁月都会给你。直到有一天，当我们如行云流水般走完此生时，转头会发现，自己在每个路口曾经洒下的汗水都已经长出了盎然的鲜花，那是生命馈赠给自己最美的礼物。

没有谁一开始就是自信的，试过了才会有勇气

董卿说：“人最难的是超越自己。”的确，很多人拥有了安逸舒心的生活以后往往会安于现状，不会再有新的突破。一旦选择继续向前走，就会遇到更多的困难和挫折，其实只要你敢于迈过这个台阶，你就会又上一个新高度。

对于在事业巅峰期选择出国的原因，董卿谦逊地说：“我发现近一两年来，所主持的节目形式上有些雷同，没有太大的突破。因此，我必须再努力学习新的知识。这也促使我决定调整工作，暂时放下话筒，去海外学习深造一段时间。希望通过去美国这一年的学习能够开拓视野，更新思路，未来以更好的状态回归舞台。”

在美国留学期间的她，写下这样的感悟：“当然会遇到困难，也会有孤独和无助的时候，但我相信任何一段生命的过程都有它独特的意义，就算有人不理解甚至误读……我依然认为生命的意义在于开拓而不是固守，无论什么时候我们都不应该失去前行的勇气。”

但凡是追求向往的事物，都有着貌似高不可攀的难度。这时候，有勇气的女

人往往会选择迎难而上。这个迎难而上的过程就像爬山，尽管高处不胜寒，但唯其有难度，才成就了高度。只有站到某一种高度的人，才有机会看到生命里更美的风景。

杨澜回忆自己的留学时光说："刚出国的时候，还有很多事情不适应。有一次晚上我写论文写到凌晨两点多钟，就在快要大功告成的时候，电脑却突然死机了，而且论文没有存到硬盘里，就这样全没了。努力全部白费了，最为重要的是写论文需要参考资料，七八本书，有些都忘了从哪本书哪个地方摘的了。"

想到天亮的时候自己肯定是交不了这篇论文，自己更没有勇气再把七八本书都翻一遍，杨澜在异乡寂静的夜里号啕大哭，哭得无比伤心。"我在国内也可以读个硕士，还可以参加进修什么的，为什么我现在要跑到这个什么人都不认识的地方来呢？"杨澜对自己的选择产生了怀疑。

还有一次也是杨澜刚刚到纽约的时候。一天中午，她和一群新认识的朋友坐在草地上吃午饭、聊天，有人问杨澜，你在中国是做什么的呀。杨澜回答说做主持人。大家显得特别好奇，又问到收入问题。杨澜一一回答后，大家不约而同地放下手中的比萨齐声惊呼："那你还出来读什么书呀？"这话像针一样扎在杨澜心里，刺痛着她的心，让她对自己的选择再次产生了怀疑："我似乎是为了满足自己的好奇心做了一件特别傻的事。"

杨澜学成回国后到凤凰卫视担任名牌主持，事业也在步步高升。1999 年 9 月，她又辞去凤凰卫视节目主持人，同样令观众感到诧异。最后她做了阳光卫视的当家人。杨澜的角色在不断地变化。

正所谓"万变不离其宗"。无论如何转、如何变，杨澜始终把自己定为"传媒人"，聪慧的她很清楚自己就是这块料，所以从没有偏离做媒体这个大方向，而她的变化就在于她制定的目标层次一直在提高。

有难度才有高度，有高度才有挑战度，生活中有很多女人不敢去追求成功的高度，不是追求不到，而是因为她们的心里面默认了一个“高度”，这个高度常常暗示自己：成功是不可能的，这是没有办法做到的。这样的“心理高度”才是阻挡自己前行的主要原因。只有不断克服困难，敢于挑战新高度的女人，才能过一个和别人不一样的精彩人生。

我们要学会消除这种心理障碍，在潜意识里告诉自己“我能行”，不试试怎么知道呢？只有勇敢地挑战自我，激发出自己身上的无限潜能，那么，一切才有可能实现。

决定你高度的，是你对自己的要求

董卿自言对自己的要求非常苛刻。即便是非常疲惫，每晚回家后她还是会打开电脑，到央视国际和百度贴吧里看看观众的留言，哪怕是一点小小的服饰上的建议，她也会记在心上。“因为我知道，站在舞台中央的这个机会，不会每个人都有，即便对我来讲，也不是永远会有。”董卿说，自己站在这里一天就会尽力珍惜一天。

为了《朗读者》，董卿常常一天只能睡三四个小时，通常是前一期的后期还没做完，后几期的策划就已经压上来。“有点前后夹击的感觉。”她对记者说。

她的高标准同样贯彻到了节目的内容里。“很多同事这次合作了才知道，说原来你是一个这样的董卿。”她不是不知道同事们的付出与辛苦，但只要不符合她的标准，她仍能卡住不让过。

有时候连董卿自己都感慨，或许也真的是得到这个时候，她才有资格做制作人：“早年间，我的很多行事风格，大家可能会觉得不理解。为什么她要这样苛刻？现在你有了一定的发言权、说服力，而且也被看到，你自己都是用这样的标准要求自己，你之所以能够做成这个事情，就是因为你长期一以贯之的坚持，那他们会想：我们也试试看吧，就听她的，也许我们也能提升提高呢！”

一个对自己有着高标准要求的女人，一定是坚定理想和追求且不放松对自己严格要求的人。但凡是在职场上有成就的女人，没有哪个不是对自己要求苛刻，经历千辛万苦而最终获得成就的。

成功大师拿破仑·希尔说，“实现目标之前就以目标的最高标准来要求自己”，才会有强烈欲望去积极采取有助于自己取得成功的行动。时刻对自己有着高要求的女人，美丽、优雅、自律性强。她们从不放纵自己，即使已经疲惫不堪，她仍旧会把自己今天应该做的任务做完，从不拖延。

对自己有着高要求的女人从不满足于现状，已经取得 90 分的她争取下一次考到 100 分；已经受到领导和同事认可的作品，她还要进行反复修改、尽量做到完美无瑕。这样的女人在温柔的时光里变得越来越好、越来越美。

张璐，外交学院国际法系 1996 级学生，曾是胡锦涛主席、温家宝总理的首席翻译，曾任外交部翻译室英文处副处长、高级翻译，现任外交部翻译司西葡语处处长。

截止到 2017 年 3 月，张璐已经连续 8 年在总理记者会上担任翻译。在过去的 7 年里，张璐在减轻中英文间巨大的文化背景差异的情况下，用英文完美地诠释了众多精妙复杂的汉语名篇。

然而一直对英语感兴趣的张璐在上大学时并没有选上外语专业，而是进的国际法系。因为喜欢翻译，她就去了伦敦，一边练习口语，一边攻读外教专业并且拿到了硕士学位。毕业后张璐毅然决然地选择转行，向着外交翻译这一份工作而努力。

“要想做得比别人更好，就必须比别人更努力。”张璐时时刻刻都在严格要求自己，每天起床必须听 BBC、VOA、CNN 等各大外媒的新闻报道，边听边记，要求自己一字不差地译出原文。此外，她还阅读国外报纸杂志，疯狂练习。

最后非科班出身的张璐一路过关斩将，成为外交部的一名高级翻译。就算她的翻译已经让国人叹为观止，但她仍然不满足，她说："再给我多一秒钟，我还能翻译得更准确。"

不管你是做本职工作，还是做其他任何事，都要保持一种"下一次会更好"的谦虚之心，严格要求自己，永不止步。

我们不要总是羡慕别人可以很风光地出现在镜头前，拿着不菲的工资，名利双收，多去挖掘她们背后的故事，想想她们为什么会成功。当我们决定去做一件事的时候，就要拼尽一切奔向自己的前程，这样全世界都会为我们让路。

做一个追求完美的职场女人，永远在心中为自己设定一个更高层次的标准。如此一来，才能不断进步，提升自己的工作能力。当我们在工作中产生惰性时，这个高标准可以警醒我们保持对工作的高度责任感和使命感。

无论飞得多高，都可以放声哭泣

在别人眼里，你很成功，然而他们没有看到你疲惫的面容；在别人眼里，你很强大，然而他们不知道你背后所承受的压力。别人关心的永远是你飞得高不高，而从来没有人看到你辛苦时的模样。然而，我们也是人，也有撑不住的时候。累了，就放声哭泣，释放自己的压力和坏情绪，只为下一次飞得更高。

主持人在台上的风光让很多人羡慕不已，但是，台下的他们却有着非比常人的压力。当然，董卿也不例外。作为央视一姐的她，一年要主持上百场综艺节目。董卿这样描述自己疲惫的程度："每天做完节目回家，突然感觉自己像火焰熄灭了一样，我一点力气都没有，感觉力气都被抽走了。"

在董卿的记忆中，最累的是2006年年底主持《欢乐中国行》，"那次累到我不能动了，因为《欢乐中国行》是在不同城市举行的户外晚会，需要飞来飞去，而且还要坐车来回跑。我在一个月内跑了8个城市，人都散架了。有一天我坐在化妆桌前照镜子，感觉不认识镜子里的那个人了，脑子已经麻木了，我是谁？我在哪里？然后想想就哭了，那是我第一次累到心疼我自己"。

董卿很喜欢看悲剧，看到动人之处会毫不吝啬地洒下眼泪。她说，可能你已经发现，它们都是很好的悲剧电影。看电影的意义对我来讲几乎就是一个宣泄自己情绪的渠道，因为作为文艺节目主持人，我们在台上无论如何都要很喜庆、欢乐、祥和，许多人的不愉快，包括一些委屈、压力必须找渠道宣泄，借机痛痛快快哭一场无疑是很好的宣泄方式。

作家亦舒曾说过这样一句话："勇敢的人一样可以哭，且哭完再哭，不过，他们哭完之后，擦干眼泪，会站起来应付生活，而懦弱的人，从此一蹶不振。"

上帝都会原谅女人的眼泪，当感觉自己太累的时候，女人可以毫无顾忌地大哭一场，而不会像男人那样"难为情"。

从央视记者转行到投资人，张泉灵参与了不少项目的投资，比如在内容创业方面一口气投资了4个微信公众号。

在一次公开演讲中，张泉灵表示大家对投资人的生活有误解，总以为是"高高在上"的，但真正的投资人生活压力非常大，以至于自己养了许多新毛病出来："比如下午不喝一口酒，都撑不住。比如开始住办公室。比如始终有几百条未看的微信，随时可能漏事儿。"

张泉灵称："这半年，我自己一个人偷偷哭过的时间，比我之前十年加起来都要多。"也许哭泣还能帮助张泉灵缓解一下身心俱疲的状态。

哭是缓解情绪的一种方法。有悲伤就哭，有了不快就哭，通过泪液的排放可以及时地将不良情绪发泄出来，减少疾病的发生。

当人在压抑情绪的时候，体内会产生某些对人体有害的生物活性成分，而哭泣之后情绪强度一般就可以降低40%，心情更容易恢复平稳状态。

现在，越来越多的女人因为工作关系复杂或家庭生活不协调而感到压力沉重，甚至感到恐惧或精疲力竭。过重的压力会对身体机能产生负面影响，导致一系列身心疾病的发生。面对情绪负担沉重的情况，学会宣泄释放自己的压力就显得尤为重要。

一个女人如果长期处于压力过大的情况，一定会华容憔悴。所以，为了我们的健康和美丽，除了用哭来缓解压力，还可以学习几个对抗坏情绪的方法，快乐地面对生活。

听音乐。当感到情绪不好、压力大时，我们可以选用一些舒缓的音乐来作为引导，让自己的情绪随着音乐的节奏变换而放轻松。如古典音乐、轻音乐等，温和而美好的音乐可以让听者完全融于清幽静谧的大自然中，心灵随着丝竹之声而荡漾在天际之间。听着这些乐曲，压力过大的女士的心理压力和烦恼必定会有所减轻。

和好朋友倾诉。每周和知心的朋友约会一次，永远不要独自面对压力或焦虑。据英国伦敦的一项研究显示，找到一个愿意真心陪伴你的朋友，定期和他联络谈话，效果和服用抗压药或上心理咨询诊所一样好。向朋友诉苦是一种不错的宣泄方式，当你心情烦躁、伤心失望时，不妨向亲朋好友倾诉，把心中的苦水倒出来，你的心绪就会变得轻松、愉快。

吃零食。大部分的女性都有吃零食的习惯，某些零食并不健康，营养成分低，但是适当吃些零食一定程度上是对健康有好处的。吃零食会转移我们的注意力，不会把焦点关注在自己的情绪上。同时美味的零食还有促进心情愉悦的作用。

当然，我们吃的零食要有所选择，油炸、含反式脂肪等零食不宜多吃。瓜子、杏仁、花生、坚果和酸奶等都是不错的选择。

责任心有多强，舞台就有多大

俄国著名作家高尔基说：“负责任，是一个人最基本的品质。如果我们放弃了责任，也就等于放弃了整个世界。”

一个有责任感的女人，就会有明确的人生目标，有对自己、家庭、社会勇于负责的精神。她能遵守社会规范，有承担责任和履行义务的自觉态度。托尔斯泰说：“一个人若没有热情，他将一事无成，而热情的基点正是责任心。”

一次，董卿主持公安部的新年晚会。其中有一个环节是请6位英模给大家拜年。但是董卿手里的信息只是他们的姓名和头衔。于是董卿习惯性地上网搜索这6位英模的资料，并且还向导演提议，“用一句话向观众介绍每一位英模。因为我想告诉观众，这6位英模的敬礼是用生命、用对国家和人民的无限忠诚换来的”。

可是导演很犹豫，因为晚会的时间有限。后来禁不住董卿的软磨硬泡。导演说道：“你现场先这么说吧。”于是一夜未眠，董卿将每一位英模的光荣事迹浓缩为一行字。

有人不理解董卿为什么这么做。董卿说：“站在这里，尤其是站在央视这样的平台上，我不是来沽名钓誉的。主持不是作秀，主持人的责任是提供信息、提供情感、提供思考空间。”她始终不想辜负喜爱她的观众和自己站的舞台。

责任心是一种态度，对于每个女人来说，工作不仅仅是为了赚钱，更重要的应该是一种责任。一个富有创造力的团队必然是由一群充满责任心的成员所组成。责任心是对工作和生活的一种积极态度，只有拥有了这种态度，我们就会少一些抱怨，少一些牢骚，多一分认真，多一分激情，工作也会因此更加出色，人生也会因此更加精彩。

责任不是一种负担，而是工作和人生的一种馈赠。因为承担责任，我们才能在工作中变得越来越优秀，我们的能力才会越来越强。当我们的能力提升后，更应该为自己去争取更大的发展空间，承担更多的责任，这也是“能力越大，责任越大”这句话带给我们最好的启示。

2013年，从央视辞职的柴静，谢绝了一切工作邀请，打算用相当长的一段时间陪伴、照顾自己的孩子。但在这个过程中，她对雾霾的感受越来越强烈，责任心促使她重新站了出来。“中国有很多人希望把这件事改善，并在为此努力。简单地说，每个人都希望空气清新。什么是社会共识？再没有比这个更强烈的社会共识了，这是我的信心。”

中山大学传播与设计学院的院长张志安说：“柴静唤起了人们对雾霾问题的又一次重视，但所有的社会问题都不是单靠一个媒体人能解决的。面对雾霾，政府、企业、媒体和公众都应当有所担当和关怀，只有形成合力，才能真正地推动社会进步。”

有人形容柴静“一条船孤独地航行在海上，它既不寻求幸福，也不逃避幸福。它只是向前航行，底下是沉静碧蓝的大海，而头顶是金色的太阳”。

科尔顿说：“人生中只有一种追求，一种至高无上的追求，那就是对责任的追求。”一个具有强烈责任感的女人，她在任何地方都会受到欢迎，在任何团队中都能形成一种凝聚力和号召力，使身边的人不由自主地受她的影响，和她一起朝着同一个目标努力。同时，她在依靠自身的努力向前迈进的时候，也会受到各方面的真诚相助。

当我们对工作充满责任感时，就能从中学到更多的知识，积累更多的经验，就能从全身心投入工作的过程中找到快乐。这种习惯或许不会有立竿见影的效果，但可以肯定的是，当懒散和敷衍成为一种习惯时，做起事来往往就不会踏实，也不值得信任。

一位建筑工人如果责任感不强，那他建造的房子只能是“粗制滥造”；一位作家如果责任感不强，那他的作品和文字是无法让人推敲的，自然也不会优美；一位教师如果责任感不强，那么他的学生是无法接受正确的知识和教育的。

无论从事何种工作，具有强烈的责任感对我们来说都是至关重要的。只有让责任感成为一种习惯，成为一种生活态度，我们对待工作自然就不会觉得麻烦，更不会觉得劳累。当意识到责任感在召唤自己的时候，就会随时为责任而放弃一些东西，而且不会觉得这种放弃有多么艰难。有强烈责任感的女人，她一定会有一个更大的舞台。

关注每一个细节，把工作做到极致

从主持《中国诗词大会》成热搜“网红”到担任《朗读者》的制片人，央视“当家花旦”董卿完成了新的转型。作为一个追求完美的人，她在每一处细节上都拼尽全力，终于成长为网络上传播的女神样本。

一个女人无论从事什么职业，做什么工作，都应该尽心尽职，尽自己最大的努力，追求尽善尽美，这样才能不断地进步和发展。这不仅仅是工作的原则，也是做人的原则。

董卿是一个特别注重细节的人，无论是生活还是工作，她都努力做到尽善尽美。

据她回忆说：“疏忽细节的结果往往是闹笑话。有次彩排，我的鞋跟太细，卡在舞台的缝隙里拔不出来。我一边面带微笑，一边拔鞋。可是台词说完了鞋还‘钉’在那里。幸好是彩排！还有一次，我主持国际杂技大赛，台下都是老外，我特地选择了一件白色的中式旗袍，感觉良好地走上台去。谁知台上有干冰器，地面很滑，我刚走出侧目条，就仰面朝天摔倒了。全场哗然。你瞧，假如不留神细节，失误就会被放大无数倍。”也正因为如此，董卿对待自己的工作特别认真，哪怕是早已背熟的台词她仍然要再看上好多遍。

正所谓“成也细节，败也细节”。大多数女人都希望有一份成功的事业，但是我们中的很多人并没有实现自己的愿望，其实就是因为很多女人有心浮气躁、浅尝辄止的毛病。所以，培养自己注重细节的习惯和作风，把大事做细，把小事做好。这是非常关键的步骤。从工作上来说，这就是敬业精神。

具有敬业精神的女人，往往忠于职守、认真负责、一丝不苟、精益求精，并且做到善始善终。兢兢业业地做好本职工作，这是女人实现人生目标的第一步和最基本的一条。

甚至，从某种意义上说，你的工作态度决定了你的人生态度，你在工作中的表现决定了你在人生中的表现，你在工作中的成就决定了你在人生中的成就。敬业会把你带上人生的另一个高峰，让你成为一个更为出色的女人。

上大学期间，野田圣子想多赚一些钱，便利用暑假的时间到东京帝国饭店找工作，可是她在那里争取到的打工机会却是一份清洗厕所的差事，上司要求她把厕所马桶刷得“光洁如新”。

但是厕所的秽物与气味实在令人难以忍受，野田圣子几次想放弃，然而她坚信一个道理：工作是不分好坏的，只要自己用心地完成它。这马桶已经使用过了，到底怎样的标准才是“光洁如新”呢？她一遍一遍地刷着马桶，不放过任何一个角落。

经理前来查验清洁效果时，野田圣子所刷洗的马桶果然变得夺目闪耀。这时，野田圣子从自己清洗过的马桶里舀了一杯水毫不犹豫地喝了下去，并说：“只有马桶的水达到可以喝的洁净程度，才是真的把马桶抹洗得光洁如新。”在场的人都十分震惊与感动。这样的敬业精神，还有对自己工作的自信让他们断定这个女孩注定是一个不平凡的人，她的人生必有建树。

野田圣子用行动证明了他们的猜想是对的，毕业后她顺利地进入这家酒店工作，成为酒店晋升最快的员工。37 岁时，野田圣子步入政坛成为日本内阁邮政大臣，并被认为是极有潜力角逐首相之位的内阁大臣。每次自我介绍时，她总是这样说：“我是最敬业的厕所清洁工和内阁大臣……”

董卿也说过：“女性在细节方面天生就比男性有优势，但是千篇一律、平淡无奇、重复、刻板的工作往往会让人产生一种刻板、厌烦和淡漠的感觉。面对这些‘麻木’的工作，我们应该学会适当地调节自己，千万不要忽略细节。”因为在职场上，很多人不缺聪明才智，缺的就是对“精细”的执着和热爱，而就是这一点细节，决定了一个人是优秀还是平庸。

心细是女人的优点，我们应该把这个优点充分地运用到我们的工作当中。不管你是刚迈入职场的“菜鸟”，还是久经职场的“老前辈”，都需要在基层把工作各个方面的细节稳稳地做好。

比如，你在自己部门可以从整理报纸文件、接听电话等做起，为其他同事做些辅助性工作，如打印资料、填写简单表格，业余时间打扫一下卫生、帮老同事倒杯水，这不仅给人留下勤快的印象，还易于融入同事圈中，得到大家的帮助支持。

一位学者说：“不管我注定要从事什么工作，就算是做扫大街的清洁工，我也要像贝多芬作曲、莎士比亚写剧本一样认真负责，让走在大街上的人们为我的工作而感到惊叹。”聪明的女人懂得，工作之中无小事，把每一件小事做好才能成就大事。而做好每一件小事都不简单，无数个不简单串联在一起就能让你卓尔不凡、与众不同。

工作中多一点付出，少一点套路

世界上最伟大的推销员乔治·吉拉德曾用一句话总结成功的经验："你要想比别人优秀，就必须坚持每天比别人多访问5个客户。"付出多少，得到多少，董卿深深相信这个因果法则。她告诉我们，也许你的投入无法立刻得到相应的回报，但也不要气馁，应该一如既往地多付出一点。回报可能会在不经意间，以出人意料的方式出现。

有人说，董卿是春晚上杀出来的一匹"黑马"，其实不然。董卿之所以有现在的成就，离不开她自己的辛勤努力，她总是在工作中主动承担更多的任务。

她会为自己的每一次登台做足功课。有一次她应邀去上海主持以"全球侨胞世博情"为主题的解放日报报业集团第34届文化讲坛。讲坛前夜，原本安排了宴请和专访，她婉拒了，只要了一碗面条，独自留在宾馆房间里查阅资料、思考、酝酿，直到凌晨3点。

在玉树地震赈灾晚会上，她的讲述一次次让人潸然泪下，又饱含着力量。节目播出后，有媒体领导向央视要董卿的主持词，编导说："那些都是她自己准备的，我们这儿没有。"

事实上女人要想在竞争中取得优胜，仅仅在工作中做到全心全意、尽职尽责是不足以使你脱颖而出的，你还应该比自己分内的工作多做一点，比别人期待的更多一点，多为你的老板和你的客户着想，如此才可以吸引更多的注意，给自我的提升创造更多的机会。

但是，大多数人不明白“多付出一些”的道理。许多职场女性都有这样的心理，拿多少薪水干多少活，尽职尽责地完成自己的工作就可以了，老板没让做的事，决不插手。

其实，我们不要总对分外的工作不闻不问或者对于额外的加班皱起眉头。如果它是有益于你提高能力的事，那就不妨多做一些。这样，可以让你时刻保持斗志，在工作中不断地锻炼自己，充实自己。当然，分外的工作，也会让你拥有更多的表现机会，让你把自己的才华适时地表现出来，引起别人的注意，得到老板的重视和认同，埋下日后成功的种子。

从最初的青涩到现在一举手一投足的成熟风范，周涛说自己的法宝是“笨鸟先飞”，“我可能不比别人条件好，但是我比别人做得多，就有可能比别人做得好”。周涛说自己不是那种绝顶聪明、凡事总能得第一的人，自己人生的每一个机会，每一次成功都是通过努力得来的。

工作中的周涛总是会多付出一些。在10年担任中央电视台春节联欢晚会主持人的背后，是10年不能与家人团聚在一起，周涛说起来却很坦然。“春节晚会从彩排到播出，持续时间长，那时父母都在外地，一个人过年还不如跟大家一起热闹，何况在台里还有盒饭吃（不用自己做饭）。”话里是一份轻松，话外却是一份认真和敬业。

美国成功学家格兰特纳说过这样一段话：“如果你有自己系鞋带的能力，你就有上天摘星的机会！一个人对待生活、工作的态度是决定他能否做好事情的关键。首先改变一下自己的心态，这是最重要的。很多人在工作中寻找各种各样的借口来为遇到的问题开脱，并且养成了习惯，这是很危险的。”

一个人的工作态度潜藏着巨大的力量，凡是成功者对自己的工作必定都有着敬爱、负责、创新的态度。有人说职场是男人的通天大道，却是女人的钢丝绳。然而如果你以一种追求完美的工作态度来对待自己的职业，你也能在职场的钢丝绳上展示自己优雅的华尔兹，那么你的职场生涯定会变得熠熠生辉。

西方社会有一位名人在《人生的经验》一书里提到了这样四种工作态度：只做别人交代的工作；从不做好别人交代的工作；永远做好目前所从事的工作；永远做好自己真正想做的工作。职场女性应该很容易看出以上四种工作状态孰好孰坏。前两种分别表现了对工作的死板、被动和对别人应付、不信任的态度；而后两种表现出了对工作负责敬业、创新、孜孜以求的态度。

一个女人最好的状态是，一直要求自己进步，但不过分要求。当女人有了这些最好的心态，一定是女人最好的时候，也是她们开始真正生活的时候。

哪怕是配角，也要发出自己的亮光

不管是站在什么样的舞台上，谁不想成为那个被“众星拱月”的中心人物？成为人们眼中最耀眼的那朵“红花”呢？可是“红花”毕竟只占少数，更多的还是“绿叶”。聪明女人的精明之处在于，她们知道配角同样重要。即使要当绿叶，也要尽心尽力。

第十一届央视青歌电视大赛上，董卿是主持人之一。她说自己“职业组比赛的主要工作就是照着屏幕念题”。在各类晚会上当惯“红花”的她突然成了配角，但“绿叶”当得也有讲究。

赛场上，任何小小的变化都足以使选手因心理波动过大而影响发挥，前功尽弃。董卿理解他们，也因此明白“照本宣科”背后的责任。沉稳的语调，看似不经意的眼神，她用这些传达对歌手的鼓励和支持，稳住他们的情绪，减轻他们的压力。“遇到特好笑的事也要拼命忍住，不能让自己的情绪影响选手。”殊不知，尽想着为别人减压的她其实自己也紧张得不行，赛前根本没心思吃饭，当好绿叶也不易啊。

许多人都看过一个小品——《主角和配角》，可以说绝大多数人和剧中的陈佩斯一样，只想演主角，不愿当配角，哪怕是名配角。做配角者，大多是不得已而为之，随时都准备着削尖脑袋往主角阵营里钻。但大家都知道，主角通常都是从配角一步步走过来的，当配角的过程是积累的过程，是自身能力素质提升的过程。一部戏是否出彩，主角固然起到了举足轻重的作用，但戏里配角的作用同样不容忽视。

红花也靠绿叶衬，一个好的配角如果足够的“专业”，不但能够把一个角色演得惟妙惟肖、深入人心，更加能够使主角在戏里的演绎更加出彩。这也是为什么奥斯卡的最佳男女配角奖同样是一个含金量非常高的奖项，为众多演艺明星所角逐。

在各类工作中，有许多女人在默默无闻地辛勤劳作，甘当平凡的绿叶。虽然她们可能在短时间内，不会像花和果一样被人们所瞩目，但是，当她们处于工作配角的位置时，若能倾情演绎，只问耕耘，不问收获，不仅能彰显无私奉献的精神魅力，更能帮助她们实现自身价值，绽放出绿叶所独有的耀眼光芒。

从进入国家乒乓球队起，乔红一直都不是光环下的主角。虽然她曾和队友邓亚萍合作夺得了1992年和1996年两届奥运会的女双金牌，但乔红始终不如在场上“气势汹汹”的搭档让人印象深刻。

平淡地走完了自己的运动员生涯后，乔红在广州独自完成大学学业。2002年12月，乔红在昔日队友王楠最低潮的时候当上了她的教练，在短短几个月内扭转乾坤，帮助王楠重新夺回世界冠军。

2003年5月世乒赛后，国家体育总局乒乓球运动管理中心给华南师范大学寄来了感谢信，答谢学校批准在读的乔红中断学习，回中国乒乓球队辅助执教：“第47届世乒赛已经落下帷幕，乔红所执教的运动员王楠摘取了女子单打、女子双打和混合双打3项冠军。她不但帮助王楠走出了釜山亚运会失利的阴影，而且圆满地完成了任务。”

实现了女子乒乓球“大满贯”后的王楠，忍不住流下了激动的眼泪，她对记者说：“别的我不知道，我只知道我找到了我最信任的人，就是乔红。”

对于自己的功劳，乔红却非常谦逊：“我又不是神仙，我只是陪王楠走过了最困难的日子，主要还是靠她自己。”

雨果说：“花的事业是尊贵的，果的事业是甜美的，让我们做叶的事业吧，因为叶的事业是平凡而谦逊的。”假如你是一个演员，哪怕是跑龙套的，也会对剧情产生很大的影响。主角有“最优”，配角同样有“最佳”，二者不可厚此薄彼。

可以将配角演好，甚至一生致力于把配角演好，这就是不平凡。主角非常重要，但是，如果缺乏了配角的帮衬，就算是再好的主角，也会黯然失色，整个影片也会因此大打折扣。演绎如此，做人亦是如此。

在现实生活中，不存在永远的主角，更没有永远的配角。我们每个人都是生活中的主角，与此同时，也是社会的配角。不管我们身处于何种岗位，担任怎样的任务，都要学会以平和的心态和强烈的责任感去面对，找准自己的定位，将个人的价值发挥出来。当我们还是一个配角时，请尽力做好配角，然后自己履好职、尽好责。

愿我们像董卿一样，有充分的自信当配角，尽心尽力，在各自的小角色里完成大表演，在各自的小岗位上开创大舞台。

第五章

从容不迫，有实力的女人不慌张

危机面前不慌不忙，便是优雅

当节目出现突发状况时，就需要主持人有很好的应变能力和心理素质，只有主持人恰到好处的救场，才能使节目完美无瑕地进行下去。因此，主持人能否在面对任何突发情况时都不慌乱、头脑清醒、应对自如是节目成败、优劣的关键。

“央视当家花旦”董卿之所以能深受观众的喜爱，与她良好的心理素质和机智的应对能力是分不开的。

在一次节目录制中，一位女选手在演唱的过程中，演出服出现了一些问题。此时台上台下气氛异常，这位女选手也非常尴尬。董卿当机立断，心想：既然事情发生了，避而不谈是不明智的，最好的办法是直接面对，并且要想办法给选手找台阶下。

于是，董卿问女选手：“刚才在演唱的过程中，我们都看到了你的演出服出了一点小问题，这会影响你的发挥吗？”

选手：“刚开始的时候有，但是投入到歌曲的表演中后就忘记了。”

董卿说：“我刚才从作为一名观众的角度来看，你表现得非常镇静，这是一个优秀的歌唱演员所具备的素质。”

选手：“谢谢！”

生活中处处充满着意外，也许你也觉察到了，无论自己做什么事都无法和计划中的一模一样，总会出其不意地出现一些事情。每一个人都可能遇上困难，此时拥有淡定的心态就至关重要。

清代魏子安在其《花月痕》中说得很透彻：一朝失足千古恨，再回首已百年身。遇事急火攻心时，往往不够冷静，易冲动，若能身处其中而泰然自若、从容应对，那真是具有极其高深的修养。

不慌不忙的女人是一幅清新隽秀的山水画。无论外界风卷云涌、世事变迁，内心总是一派处事不惊、安详宁静的意境。做一个坦然面对“意外”的女子，沐浴晴朗，扔掉悲伤和孤寂，摆脱无助和漠然，不再害怕未知，也不必盲目迷茫。告诉自己，我可以。

在2007年《欢乐中国行》元旦特别节目中，当接近零点时，现场时间突然出现了两分半钟的空当，导演马上安排董卿救场发挥。当董卿开始大方自如地自由发挥时，耳麦里突然出来导播的误判：“不是两分半钟，只有一分半钟了。”董卿连忙调整语序，准备结束语，而此时，耳麦里再度传来更正：“不是一分半，还是两分半！”董卿临危不乱，走到舞台两头给观众深深鞠了两躬，用“欢乐的笑”“感动的泪”“奔波的苦”等诸多排比句即兴创作了一个又一个悦耳动人的“感谢”。肢体停顿让她在紧急中控制住了节奏，加上流畅的语言表达，铸就了这个“金色三分钟”，这也成为主持学上一个完美的案例。

董卿面对危机时从容不迫的态度源自她的实力。她曾经一年中整整主持了130多场晚会，不断的练习和磨砺，让她在遇到任何问题时都不慌不忙，灵活地应对。其次，董卿不断地阅读和学习，也让她更具智慧和底气。

“暮色苍茫看劲松，乱云飞渡仍从容。”无论遇到什么危机，我们都要临危不乱，镇定以对。最重要的就是保持冷静，不要把自己弄得慌手慌脚。当自己过于紧张的时候，可以试着深呼吸几次，让自己放松下来。同时嘴角翘起微笑，想着：没有什么可以让我恐惧和害怕的。

保持冷静还需要我们学会忍耐，在日常生活中磨炼我们的耐心。例如，吃饭要细嚼慢咽，这种方式利于减肥，如果在极度饥饿时还能保持细嚼慢咽的状态，会让我们更加的有耐心和毅力。尝试着去长跑，这不仅仅是锻炼身体的一种方式，在很大程度上也是不断挑战自己的一个训练模式。另外，还有一个比较有趣的方式让自己更加有耐心：排长队。

不慌不忙不仅是一种从容的心态，更是一种生活态度。保持一颗不慌不忙、有条不紊的心，显然要比急躁更有力量。有句话说得好："不慌不忙，万物莫不自得。"

从现在开始努力尝试做一个从容的女人吧！你若从容面对，悉心对待，生活必将还你一个华丽的转身。

善于等待的人，终会等到自己想要的一切

朋友圈里有一句话：“你一定要努力，但千万别着急。”我们不要抱怨为什么成绩还不能提高；不要埋怨自己为什么还没有瘦；不要灰心于努力都付诸东流。要耐心，耐心地去做，耐心地去等，不要急于求成。如此，方是最好的心态。

杨澜告诫女人：“不要认为自己怀才不遇，不要认为上天不眷顾你，更不要因此自暴自弃。静下心来耐心等待，其实机会在等你与它相遇，沉住气，做好准备，说不定下一个就是你。”

初到央视，董卿担任《魅力 12》的主持人，被要求掌握大批的民俗和民族风情知识，再加上节目组员来自五湖四海，没有太多的电视从业经验，那段时间她过得异常艰苦。她那时名义是 CCTV 的主持人，但因为录制地点在大兴，所以连央视大门都进不去。

虽然那个时候无人认可，但是董卿并没有着急，而是在默默地努力和准备中磨炼自己。董卿的主持生涯转折点出现在 2004 年，她主持“第十一届青歌赛”，连续 20 天直播，职业组和非职业组共有 30 场，每晚直播近 3 个小时。董卿每天下午 4 点彩排，到 10 点直播结束，换掉主持礼服又进会议中心，和老师核对次

日的考题。回家已是凌晨 3 点，董卿还要打着哈欠背台词，直到最后的一颗夜星，渐渐隐没。生活规律被打乱，有点苦不堪言，可她乐在其中。一场场下来，特别有成就感。

终于在 2005 年，董卿以黑马的姿态闯入春晚主持人的阵营里，并且从此之后地位稳固、实力不可撼动，成为当之无愧的央视“当家花旦”。

等待是一种韬光养晦和休养生息以把握有利时机的过程，需要我们耐得住寂寞与诱惑，顶得住压力和嘲讽。默默地坚守，静静地期待，等到是非分明或者瓜熟蒂落的时刻，一切都会顺其自然，水到渠成。

巴尔扎克说：“善于等待的人，一切都会及时到来。”我们的一生中很多时候都需要等待，等待自己长大，等待朋友对自己的认可，等待一件事情的成功，等待想要等待的，等待让一切幻想变成现实。

每种事物都有自己的发展规律，要想做好一件事，就应该有一定的耐心，忍得住。否则，耐不住性子，不懂得等待，往往会“欲速则不达”。一只菜粉蝶从虫卵变成蝴蝶需要 35 天左右，苹果从开花到果实成熟需要 150 天左右。“冰冻三尺，非一日之寒；水滴石穿，非一日之功。”我们只有按规律办事，顺势而为，才能走向成功。

聪明的女人总是不急不躁，循序渐进地修炼自身，从不忽视人生路上的每一步，她们知道美好的事物往往需要沉下心来慢慢等待，即使它姗姗来迟，总好过因急躁而失败。她们总是耐心地收获着属于自己的幸福。

著名主持人欧阳夏丹被中央台的工作人员比喻成“拼命三娘”。“我们常常开玩笑说，黑夜给了我黑色的眼睛，我把它献给《第一时间》，大家都是一样的辛苦和努力。”她说，“为了心中的梦想在这片舞台上耕耘，有这样的一份经历，也不会后悔。”

做早间节目的她必须接受一份“非正常时间表”：凌晨5点起床，五点半到单位，7点到9点直播，9点下班，回家吃过午饭后开始补觉，两点起来通过锻炼恢复体力，晚上八九点钟准备入睡。尽管年龄不大，但是欧阳夏丹从不急于求成，她知道所有的努力都要一步步来，也只有脚踏实地才能实现自己的目标。

在都市的快节奏生活中，我们总是会轻易地忘记自己的梦想和在这个城市的初衷，每个人都在忙，忙着追名逐利，忙着柴米油盐，何不停下来想一想：你的大脑是不是已经被体制化了？试着叫醒那个一直沉睡的自己，何必那么着急呢？何不停一停呢？寻一方闲适同自己对话，告诉自己：别着急，也别害怕，慢慢来，一切都会好的。

约翰·肖尔斯在《许愿树》里说：“没有不可治愈的伤痛，没有不能结束的沉沦，所有失去的，都会以另一种方式归来。”如果你连今天都没法等待，又怎能去奢望明天？将一切交付给时间这副良药，不忧不惧，不强求不悔恨。岁月会眷顾每一个人，你想要的，只要认真努力和等待，岁月都会如数给你。

不要从别人身上找安全感，能给你安全感的只有自己

烦躁不安的时候，我们总会希望有一个永远属于自己的避难所。在外界压力涌来的时候，我们可以安安心心地躲在里面，不理会尘世的一切烦恼。但是，我们要明白，能给我们安全感的只有我们自己。

著名作家毕淑敏说：“一个有安全感的人，就像一颗悬挂天空的小小恒星，会自动持续发出温煦的光芒，既照亮自己也照亮他人。让这个世界多一点和暖，多一点光明。”

从主持《中国诗词大会》成热搜“网红”，到担任《朗读者》的制片人，董卿完成了新的转型。在接受采访时，被问到安全感这个话题时，董卿答道：“你永远记住，靠谁都不如靠自己。这是最安全的。“永远在安全区？没有永远。”

董卿知道所有的安全感都是靠自己努力得来的，外人看到的都是她的光鲜，而她背后的努力却很少有人知道。她可以从早上7点钟，除了吃饭上厕所，工作到深夜；她可以因为自己的一个小失误，坐着反省半天；她可以为了节目效果，不惜被观众称了多年的托；她可以为了一份自己喜欢的工作坚持20年，今后还会继续努力做好自己喜欢的工作。永远把最好的一面呈现给观众，这就是董卿！

一个女人最真实的感觉不是别人给予的，而是自己感受到的。如果你坚信这个世界是冷的，那么就算给你一个太阳，你也会觉得太阳是冷的；如果你坚信这个世界是温暖的，那么就算给你一块冰，你也能感受到心灵的温暖。

所以，外界的温度并不重要，重要的是你有怎样的心态。没有谁是自己生命中的永远，也没有谁会一辈子对自己好。不是说别人都不可信，都靠不住，而是没有谁可以让我们依靠一辈子，如果你信任的一切，有一天辜负了你，那么，我们拿什么来正视我们即将面临的一切？只有我们让自己变得强大，实力才能给予我们足够的安全感。

有这样一句话："一只站在树上的鸟儿，从来不会害怕树枝断裂，因为它相信的不是树枝，而是它自己的翅膀。"这是文艺的说法，简单但深刻的说法就是王朔在《致女儿书》里面写的："煲汤比写诗重要，自己的手艺比男人重要，头发和胸和腰和屁股比脸蛋重要，内心强大到混蛋比什么都重要。"

在电影《有一个地方只有我们知道》开工前，徐静蕾曾大胆地说："我不觉得人应该要结婚。过去讲结婚是保障，我不需要保障——从情感上讲我不需要保障，经济上更不需要谁保障我。我不需要别人给安全感，我挺有安全感。"

这20年来，她是演员、导演、编剧、教师，创办电子杂志，还有属于自己的"方正静蕾简体"，2007年，方正字库将其字编入字库，成为个人软件字体受益第一人。几乎没有她不曾尝试过的职业……她有很多种身份，但没有一个身份是把她拴住的。她也算娱乐圈的人，却没有一个圈能把她套牢。

徐静蕾并不喜欢称自己是女明星，不爱走红毯，也不爱混圈子。有电影时就出来忙一阵，忙完就回到"隐居"状态，一年半载甚至更长时间，不出现在公众视线里。

畅销书作家韩梅梅说："也许，走过一些路，爱过一些人，受过一些伤，才会明白，别人给的安全感都是幻觉，只会让你内心的不安肆意蔓延。而真正的安全感，永远来自内心的独立和自足。”

有些路，总得自己一个人走。能够给你安全感的只有你自己，毕竟，很多人只是你生活中的过客，没有他们的时候，我们依旧要笃定前行，活出自己的美好。

觉得自己缺乏安全感的女人，总是在强调“需要”，总是放大自己的焦虑和空虚。她们觉得人生就应该是踏实的、稳定的、快乐的。但事实上，人生是一个动荡不安的过程，我们只是浮沉其中，打捞那些闪亮的瞬间而已。

孤独不等于没有安全感。我们不要把孤独当成什么可悲又可怕的事情。每个人都会经历孤独，我们只需要如实地去感受它，它就不再是难以忍受的。当我们不再逃避孤独，我们的人生才会精彩明亮起来。

人生，从来没有死胡同，硬撑，死磕，也是一条路。一个人，要有承受艰难痛苦的勇气。生活，不会让你白白流泪。

你的专注，让整个世界如临大敌

女人，真的会因为专注而美丽。这种美无关年龄、外貌、穿着，而是由内而外散发的一股气流，给人以无论何事都无法动摇的感动。因为对工作的专注、认真，让董卿实现了她成为一名优秀主持人的梦想。

2005 年是董卿尤其要感谢的年份，年初主持万众瞩目的春节联欢晚会为董卿的事业开了一个好头，接着她又获得两个很有分量的大奖："年度最佳电视女主持人"和"最佳电视综艺节目主持人"。

虽然，过去的十年，董卿的身边不乏鲜花和掌声，但由上海到北京，此番的鲜花和掌声仍让她感受到了"不同寻常"。

董卿说："央视是所有做电视人的梦想，是全国电视媒体的制高点，能够登上这个制高点，在这个舞台上感受被认可是很幸福的。我特别喜欢《从头再来》这首歌，再苦再难都要坚强面对。"正是董卿的勇敢、专注、永不放弃的精神，让她的梦想在岁月的流转中熠熠生辉。

专注是我们对于自己所做的这份工作的投入度。很多成功女性取得成功就是因为她们对这件事情着迷了，她们对待这件事情非常专注，已经达到了走火入魔的地步，而正是因为如此，她们才会取得别人难以企及的成功。

著名影星周星驰曾经说过："我相信要做好一件事情，专注和投入是首要条件。就像我，我喜欢演戏，就全力投入，我相信穷尽我一生的精力和时间，一定可以把演戏这事做好。"

周星驰从一个被骂"好像一条狗"的小龙套到有34亿票房奇迹的"喜剧之王"，就是一个在岗位上创业的过程。他热爱自己的工作，因此全身心地投入工作，到最后建立了自己的事业。

女人专注做点事儿，即使不成功，最起码对得起光阴岁月。每个女孩，都应当存一颗匠人的心，去做事，去生活。

任世界再嘈杂，女匠人的心都是安静的。她们通常都有一门手艺，专注于自己的作品，精雕细琢，做到极致。她们以一种细腻优雅的方式生活着。

Lucie Rie，一个纯粹的陶艺家。她一生都只专注于一件事——陶艺。在她20岁那年，一次偶然的蹭课让她接触到陶艺，从此她整个人就像失魂般着了迷……

日日夜夜跟这些瓶瓶罐罐较上了劲儿，同学聚会开Party，她躲在工艺室研究陶器；朋友组织春游，她则以各种理由推辞，实际上却在家中勾画陶器的图纸。

而这种对陶艺的疯狂痴迷，让她仅用了3年的时间，就开设了自己的第一家工作室，这在当时对其他手艺人来说是不敢想象的。

一年后她嫁给了深爱着她的Hans Rie，做着自己喜欢的陶艺。有一位知心爱人陪伴，似乎没有比这更美好的事情了。

然而在1938年为了躲避战争，她逃离了被纳粹完全控制的奥地利。在逃难期间，她与丈夫失散，两个人一起出发，最终只有她一个人到达伦敦。初到伦敦身无分文，她不得不租住在一间破旧的马厩里，这既是她的家，也成了她的工作室。

她把52年的光阴都献给了这间狭窄破旧的"工作室"，她把一生都专注在了陶器上，她说："只有专注于当下，才能听到材料的意愿。"而创造，不过是顺着这种意愿。粗糙、扭曲或正直，每一件陶器都有自己美丽的方式。

"做陶时，就只是做陶，如果你硬要把它塑造成什么，往往会得不偿失。"这种专注，不仅体现在她做陶的态度上，还深深浸润在她的生活中。她只穿洁白的衣服，一次只约见一个朋友，因为这样才能心无旁骛。越过喧闹与嘈杂，她听到的是器物的声音，它的声音，那么纯粹，那么真实。

爱尔兰诗人叶芝曾说过，认真的女人最美丽。认真工作的女人专注在自己的事情上，微微低头，手里握着一支笔，额头不时会紧蹙一下，待到疑惑解除后又面露喜色，外人会跟随她的一举一动时而紧张、时而放松，心早就被她迷人的风采深深吸引了。

你一定也曾注意过，当一个人很认真做事的时候，她的能量是饱满的；当一个人很喜欢自己做的事情的时候，她的眼神会闪闪发光。而往往当我们全心投入的时候，事情也会做得比平常更好更顺利。这样的我们，全身散发着光芒！

既然工作了，就要承受一定的压力

董卿曾说，克服压力的办法是继续工作。压力，对于现代女性来说，真是再熟悉不过了。除了生活上的压力以外，工作上的压力也让人饱受折磨。压力是朋友还是敌人，完完全全要看自己的态度和处理方法。

泰戈尔说过："只有经历地狱般的磨炼，才能炼出创造天堂的力量；只有流过血的手指，才能弹出世间的绝唱。"同样，只有在工作的压力中继续工作，才能释放压力，成就自己。

面对压力，不同的人有不同的处理方法，有的人选择逃避，有的人选择直面。逃避压力的人，其实他已经在承受他所害怕的痛苦，而直面的人却是在稀释压力。所以，我们应该努力成为后者。

无论是春晚还是《青歌赛》，董卿都要面临非常大的压力。这种压力不仅仅是针对体能的考验，也是对心力的磨炼。董卿说，"每天都有数万观众在观看，不能有丝毫马虎，特别是青歌赛，一直要连续 40 天。而到了第 11、第 12 场比赛的时候，体能已经达到了极限，这个时候也是最难熬过的"。

有人问董卿是怎么克服压力的，她说："每天晚上回到家，就什么力气也没有了。除了工作，我不会再做其他任何事，就像是需要聚集能量。"

在主持《青歌赛》的时候，董卿说：“每天下午我都会提前来到台里与选手交流，为的就是晚上直播时能说出些精彩的故事，但有时候我采访完所有的选手也没有一个精彩的点，这时候我就会特别焦虑和烦心，甚至是困惑和沮丧。”

但是，董卿也说：“遇到困难的时候没有更好的办法，除了想和做。准备得越充分，直播时心里才会越踏实。”

罗丹说：“工作就是人生的价值，人生的快乐，也是人生的幸福所在。”面对工作上的压力，我们不应该怯懦逃避或是浑浑噩噩，而是应该转变思想，正视压力，化消极回避为积极运用，相信只有压力才会使工作充满刺激与干劲。

有压力才有动力。贝弗里奇说过这样一句话：人们最出色的工作往往在处于逆境的情况下做出。思想上的压力，甚至肉体上的痛苦都可能成为精神上的兴奋剂。我们只有学会顶住压力，才能被激发斗志，勇敢地向前。

柳青，现任滴滴出行总裁，柳传志之女。她在2002年哈佛大学硕士毕业后，同年入职高盛亚洲。2008年晋升为高盛亚洲区执行董事，她凭借勤奋的努力，逐步晋升为高盛亚洲区董事总经理。

能够在高盛工作，是当时很多留学生梦寐以求的，但是其工作的艰辛恐怕只有柳青自己最清楚。由于当年的大幅度减招，工作强度明显加大，刚进入高盛做分析员，柳青主要负责帮助领导找各种各样的行业数据，查找各类行业年鉴和企业年报，分析各种宏观经济或产业政策。努力工作和严格要求自己的柳青基本上每周工作100个小时以上，最高纪录达到140个小时（一周时间总计168小时），平均每天只有4个小时在睡觉不工作，“体重迅速下降，脸上全是痘痘”。24岁的柳青每次照镜子都会自嘲，仿佛已经42岁。

高强度的工作压力之下，同一年入行的同事在半年中走了一半，有朋友问柳青：“一个女孩子，为什么要这么辛苦？”柳青发自肺腑地告诉别人，因为这个工作是真的喜欢。因为喜欢，柳青似乎从来就没觉得压力是多大的事，勇于面对压力的她在工作上取得了令人瞩目的成就。

聪明的女人克服压力的最好办法就是与压力共处，抛去旧压力，迎接新压力，并积极解决压力带来的问题，在工作中取得好成绩。

除了继续工作可以克服压力外，其实还有很多克服压力的方法。

多锻炼，研究人员发现在经过30分钟的踏脚踏车的锻炼后，被测试者的压力水平下降了25%；上健身房快走30分钟，或者在起床时进行一些伸展练习都行。

记日记，或与朋友谈一谈，至少你不会感觉孤独和无助。美国的医学专家曾经对一些患有风湿性关节炎和气喘的人进行分组，一组人用敷衍塞责的方式记录他们每天做的事情。另外的一组被要求每天认真地写日记，包括他们的恐惧和疼痛。结果研究人员发现：后一组的人很少因为自己的病而感到担忧和焦虑。

让自己彻底放松一天。读一篇小说、唱歌、品茶，或者干脆什么也不干，坐在窗前发呆。这时候关键是你内心的体味，一种宁静，一种放松。

享受按摩的乐趣。不只是传统的全身按摩，还包括足底按摩、修指甲或美容，这些都能让你的精神松弛下来。

至少记住今天发生的一件好事情。不管你今天多辛苦，多不高兴，回到家里，都应该把今天的一件好事情同家人分享。

我们要随时随地保持心理平衡，相信自己，守平常心，处变不惊，潇潇洒洒、快快乐乐地生活。

信手拈来的从容，都是厚积薄发的积淀

董卿在《中国诗词大会》的舞台上，因为主持的知性美而大放异彩。董卿的语言表达能力，尤其是点评总结能力也令人钦佩，知识储备扎实，名言警句、诗词歌赋、外国诗作信手拈来，运用得恰到好处，说到感性处数次让人落泪，掌声自发响起。

尽管主持人有及时学、临时学、提词器等，但董卿在诗词大会上丰富的贮备、随机应变的应答绝不是一时一刻，或者苦熬几个晚上就能练出来的。

那是董卿从小抄写古诗、背诵古诗的“童子功”；那是她中学三五天读一本名著的好习惯；到央视，再到美国加州留学，无数个日日夜夜，是董卿已深到骨髓里的读书需求，就像穿衣吃饭洗澡睡觉一样自然。

为什么我们看到已过不惑之年的董卿格外年轻？网友评价她螓首蛾眉，巧笑倩兮，美目盼兮，那里分明藏着她读过的书，走过的路，见过的事，爱过的人啊！

有人问她怎样永葆青春，董卿说：“女人外表的美都是短暂的，唯有用知识和涵养修饰自己才能美丽一生。”

每一颗闪闪发光的钻石，都经过了千百次打磨；每一只翩翩起舞的蝴蝶，都承受了撕裂破茧的痛苦；每一颗色泽圆润的珍珠，都是沙砾与河蚌肌肉的磨砺。

孟非是，汪涵是，董卿也是。当然还包括许多通过奋斗走向成功的人，欲戴王冠，必承其重。

不光是主持界，世界上任何一个行业，哪怕看起来再卑微、再缺少技术含量，想要做好，也需要相应的知识与技能。不厚积，怎能薄发？没底气，怎能从容？

来自上海复旦大学附属中学的16岁美少女武亦姝夺得《中国诗词大会》第二季的冠军。武亦姝在比赛中淡定从容的表现让电视机前的无数人被这个姑娘“圈粉”，很多学生也因为看她的比赛而被点燃了学习古诗词的兴趣。

在总决赛中，武亦姝面对的是一众强劲的对手。在第一轮答题中，她轻松答对了全部9道题，获得了317分的高分，这也是第二届《中国诗词大会》这一环节的最高分。

不过，此后出场的北大女博士陈更势头很猛，答对第6道题时已有306分，与武亦姝仅剩11分之差。就在大家都为武亦姝捏着一把汗时，陈更在第7题出现失误，武亦姝成功进入了“飞花令”环节。

而在气氛紧张的飞花令环节中，武亦姝依然从容淡定，与百人团的王子龙你来我往了多个回合。最后，王子龙在答出一句武亦姝说过的诗句后思路卡壳，武亦姝再次在飞花令中胜出。

冲出“重围”的武亦姝站上了最终的冠亚军PK台，等待她的是获得四次擂主席位的彭敏。在图片线索题中，武亦姝先声夺人，拿下2分，但彭敏很快就在第3题中扳回一分。在随后的文字线索题中，彭敏率先出现失误，抢答了却没能说对答案，武亦姝3比1领先。第二个线索题武亦姝也抢答失误，彭敏追到了3比2。最终，武亦姝有惊无险地拿到了冠军。

中央民族大学历史文化学院副教授蒙曼说："武亦姝就是标准的'国民闺女'，非常有才气，又非常内敛，用一句对联形容她非常准确，就是'宠辱不惊，看庭前花开花落；去留无意，望天上云卷云舒'。"

武亦姝从容的气度来自内心对诗词的喜爱、笃定、坚持。纵使外界喧闹不已，她的内心却一直保持安宁。当一个女人静静地绽放光芒时，哪怕是身处低谷，也能由内而外地绽放美丽。

一个有实力、从容不迫的女人往往都有一颗安静平和的心。外界越是喧闹，她的内心会越安宁。无论是面对考试的压力还是工作的压力，她们从不慌张，因为厚重的底蕴和实力让她们无所畏惧，勇敢地追求心中的目标。她们因内心有底气而从容，也因内心的从容淡定而有底气面对人生的种种挑战和机遇，这样的明媚女子，没有人会不喜欢。

过去的都是风景，留下的才是人生

人本主义心理学之父罗杰斯说："人要活在当下。"每一个当下如果都能毫无保留地去生活，善待自己，那么生命就会变得异常的珍贵和漫长。

如果我们妄想等有了"资本"再去生活，恐怕会成为无数红尘白骨中的一员。"你自己就是生活的导演,何苦为自己编那么多忙碌的剧情？过上你想要的生活，不要等到明天，当下就好好爱自己，成为人生的真正主人！"

董卿说，生活中的很多事情其实无关紧要，时时刻刻沉溺于过去的痛苦是最大的痛苦来源，而等待有把握时再去做一件事，往往意味着永远的等待。做一个活在当下的人，好好地对待眼前的一切风景和光阴。

记得有人说过："人来到这个世上是个偶然，而走向死亡是个必然。"所以，只要我们活一天，就应该用心去感悟生命的过程，充分体验它的快乐与美好。

杨澜曾经采访乔丹，问道："你很多年来在各个方面都取得了成功，你的动力是什么？自此以后，你的目标是什么？"乔丹回答："我不知道，我活在当下。眼前的事每天都会发生变化。"我们唯一能过好的，就是当下，就是着眼于眼前。

何必担心过去呢？对于过去，就要用过去的心境对待它，可以忧伤，可以怀念，却不是我们逃避生活的空间。怀念的就应该是美好的。

何必担心未来呢？未来每天都在变化，我们根本没办法预测。我们可以有憧憬、有幻想，但要真真实实地活在眼前，踏踏实实地走着现在脚下的步伐。

人生最坏的结果，并不是未来过得不好，活成自己不喜欢的样子，而是当下拥有变得更好的机会，可是，你却在担忧中错过了。所以，不要把最美好的时光拿来杞人忧天。踏踏实实走好当下的每一步，才是最要紧的。

柴静在《看见》里写道：“我就生活在这里，没有完美新世界，没有需要等待的未来，没有要向外界索求的理解，也不需要通过跟谁比较才能判断自己，要做的就是此时，就在此地，就是此身。”柴静让我们知道，珍惜当下才最重要，也最有意义。

身心灵作家张德芬说：“体会当下的丰富，才能活得更好。”当我们在为理想努力打拼的时候，不要忘记欣赏一下路边的风景，或许人生的意义，不过是快乐地行走，享受这一路走来的点点滴滴，不要等到生命走向尽头的时候，才后悔没有享受到生活，让自己空留遗憾。

试着把自己从繁忙的工作和琐碎的家务中解脱出来，踩着明媚的霞光去林荫小道上散散步；也可以在静谧的夜空下，悠闲地躺在阳台的藤椅上，欣赏一下月里嫦娥的舞蹈，找寻一下哪个是属于我们的星座……

用心去观察、去感受，我们会发现，生活中的点点滴滴都是一道美丽的风景。正如惠特曼所说：“人生的目的除了去享受人生外，还有什么呢？”林语堂也说：“我总以为生活的目的即是生活的真享受……是一种人生的自然态度。”

享受生活、珍惜生活的女人是睿智、从容不迫的，她们知道认认真真地过好每个今天，明天也一定不会差。

学会关注眼下的时光和日子。当我们把日子分成一小段一小段，所有的事都会变得容易得多。如果我们只活在每一个片刻，就没有时间后悔，没有时间担忧，而只专注于眼前。聪明的女人一次只咀嚼生命的一小片段，因为这样才不会被噎到。

每一个当下都是独一无二的，它不是过去的延续，也不是一个接着一个线性的未来。时间是由无数个“当下”串联起来的，每一瞬间、每一个当下都将是永恒。

所以，当我们吃的时候，要全然地吃，不管在吃什么；当我们玩乐的时候，要全然地玩乐，不管在玩什么；当我们爱上对方的时候，要全然地去爱，不计较过去，不算计未来，全然地投入。

就像《飘》的女主角郝思嘉一样，在烦恼的时刻总是对自己说：“现在我不要想这些，等明天再说，毕竟，明天又是新的一天”。昨天已过，明天尚未到来，想那么多干吗，过好此刻才最真实，否则，此刻即将消失的时光，要上哪里找去？

不念过去，不畏将来，玫瑰从不慌张。一个女人最好的成长，就是过好当下的每一刻。

谈恋爱，跳探戈，第一步都是学会让步

当我们还是小孩子的时候，总是认为太容易让步是㞞的体现，可是后来长大了才发现，其实很多时候让步并不是㞞，而是一种度量，一种教养，一种不咄咄逼人的气质，也是聪明人的处事方法。当我们学会了让步，我们的世界会变得更加的宽阔，因为后退了一步，放大了自己的格局。

董卿小时候并不懂什么是让步，青春期叛逆的她总是和父亲“掐架”。董卿说，父亲给她的教育类似于打压。父亲告诫董卿不准穿裙子，不准大声嬉戏，不准说脏话，不准和男生来往等，这一系列清规戒律的目的是想要把董卿塑造成严谨的“淑女”。

终于有一天，董卿忍受不了父亲的“打压”，她爆发了。在那天的饭桌上，父亲又对董卿进行了一番教导。这一次，董卿不是乖乖地俯首听着，她气上心头，在无法抑制住的不满情绪下，猛地把瓷碗摔在水泥地上。

董卿的这一举动惹恼了父亲，父亲站起身就要过来打她。而董卿也不甘示弱，她在饭桌这边继续示威，又扔了一个碗下去，之后仍觉得不过瘾，又再扔了一个。

那天的一顿饭，就在父亲的怒吼声中，在母亲忙乱的劝解中，在董卿的摔碗声中不欢而散。

随着自己慢慢长大，她也明白了父亲的良苦用心。在上大学的那天，董卿的父亲拎着董卿的所有行李，在把她送到寝室之后，还脱了鞋袜爬到董卿的床上，拿出褥子、被子、枕头之类，像母亲一样一一地为她铺好床。在临走时，父亲没有交代太多，只是简单地说了一句“自己照顾好自己啊”。董卿大为感动，默默地流下了泪水。

后来董卿不管父母说什么，她都会让着他们。在一次节目录制后，她的父亲给她发短信，说她在节目中没有理别人，有些高傲。董卿微笑着回复道：知道了，您说得对，下次会注意的。其实当时董卿正忙着对主持稿。

长不大的人最重要的标志，就是跟自己的朋友，跟自己所爱的家人争无谓的长短，论输赢。那些看起来很爱面子的女人，通常内心充满着胆怯和不自信。那些伪装坚强、从不懂得认错和让步的人内心往往都充满着嫉妒、狭隘，很难让阳光照进她们的心灵。

何谓成熟的人呢？就是对家人、对爱人、对朋友很温柔，温柔得如同一阵清风。而对外、对困难则蔑视，毫无惧意，淡定从容。如果，一个女人动不动就与亲人争执，寸土不让，哪怕口舌上的输赢都要争，那么她在事业上也不会有所作为的。

一个懂得让步的女人，宁可扮演输家，也不去打败自己爱的人。打败了他，你想得到什么呢？爱，就要懂得让步。

著名主持人、资深传媒人士、阳光媒体投资集团创始人、阳光文化基金会董事局主席等，杨澜拥有众多头衔，而最令她骄傲的头衔却是在2002年初，在《好主妇》杂志发起的一项有20多万名读者参与投票的评选活动中，以遥遥领先的票数而取得的“最理想的新好主妇偶像”。

但可笑的是，因为这个“头衔”，她还遭到了全家的“列队欢迎”。当天杨澜回家一开门，两个孩子迎面就说：“呦，最佳主妇回来了。”杨澜的母亲接着说道："还最佳主妇呢，好像都已经四天没回家吃饭了。"接着是她的父亲："现在脸皮真是厚了，这个奖也敢拿。"

面对孩子的玩笑，父母的"指责"，杨澜连忙让步，笑意盈盈地说："这主要是你们的功劳。"杨澜的话缓解了家人对她不经常回家的"恶气"。

女作家苏芩说："懂得让步的人是聪明的，这是把决定事态走向的主动权握在了自己手上。感情对抗战中，赢了面子就输了情分。往往死撑到底的人，都成了孤家寡人。弯腰不是认输，只是为了拾起丢掉的幸福。"

让步，在情感中不是退却，也不是从权，而是一种尊重，一种人格，一种胸襟，一种涵养。懂得让步的女人，才是最可爱的。

女人学会让步，才能拥抱爱情，享受更好的婚姻。法国哲学家尼采说："婚姻不幸福，不是因为缺乏爱，而是因为缺乏友谊。我们不会对友谊要求太多，却在婚姻生活里，总是斤斤计较。"

俗话说，婚前"睁只眼"，婚后"闭只眼"。既然选择在一起，包容和忍让是婚姻里应有的态度。不去辩输赢、争高低，是对爱人的尊重，对婚姻的尊重，更是对自己选择的尊重。

聪明大度的女人会对爱人偶尔的小脾气一笑而过，她们幽默地回应，让对方瞬间释然。同样，她们也懂得要对爱人少一些抱怨，少一些对比，以友情的态度、爱情的心理来对待彼此，充分展示女人的贤惠和温柔。

让步是一种修养，我们在让步中提高的是生命的高度和做人的风度！

不能太贪心，否则你什么都抓不住

“噜啦噜啦咧、噜啦噜啦咧……勇敢向前进，前进有奖品。我要跑第一，要开飞机，要电视机，要CD机，要MP3，要冰激凌，要人民币，不要太贪心……”这首猪猪侠主题曲从我们小时候就告诉我们，做人不能太贪心，否则什么都抓不住。

一向沉着稳重的董卿在舞台上却很活跃，不但在《欢乐中国行》中尝试过串场表演，在一次央视舞蹈比赛中还和朱军来了一段“恰恰”。提到这些，董卿摆摆手做出有些后怕的表情，“《欢乐中国行》中的串场表演让我特别没有自信，经过别人鼓励才好了点。同朱军跳舞纯属赶鸭子上架，我们两个之前仅仅练了20分钟，上台的时候还是身体僵硬，我特别担心丢脸。我好像只会做些静态的造型，可能身体的协调性不太好吧”。

董卿认为自己的这些尝试只是主持形式的延伸，她并没有涉足多个领域的打算。在她看来，央视给她最大的财富就是“空间”，她的空间已经足够大了。

她说：“做人不能太贪心。我从不否认自己幸运，我只是幸运地找到了自己喜欢的工作，并得到了认可。”她只想在自己的本职工作上做得更好，而不是面面俱到。

托尔斯泰说："欲望越小，人生就越幸福。"幸福是单纯的。单纯多一点，欲望就少一点；欲望少一点，幸福就多一点。人的欲望是永远无法满足的，如同多米诺骨牌，打开一扇门，紧接着其他的门跟着就打开了。欲望太多只会让生活变得更加复杂。克制欲望最有效的方式，就是关闭欲望之门，打开满足之扇，让阳光照亮我们的生活。

"一箪食，一瓢饮，在陋巷，人不堪其忧"，颜回却不改其乐。在北京的地下通道唱歌一天挣个百十块钱，抽根烟，泡包方便面，"旭日阳刚"就感到很满足。之所以满足，就是因为他们欲望的胃口很小，只要稍加努力，就会触摸得到。

同学聚会，朋友聊天，微博抒怀，很多人都有这样的感受：逢年过节没年味没气氛，吃什么都不香，玩什么都没兴趣。为什么不高兴，为什么不幸福，就是对生活的不断期望扩充着我们的胃口，助长着我们的欲望。

合理的欲望有助于我们进步和成长。但是如果胃口很大，欲望不合理，通过正常途径无法企及，我们就会感到痛苦。此时，最好的办法就是放弃那些不合理的欲望。试着体会眼前的快乐和幸福，关注内心的平静与祥和，我们才会在诗和远方的田野中尽情玩耍。

杨绛先生有篇散文名为《隐身衣》，文中直抒她和钱锺书最想要的"仙家法宝"莫过于"隐身衣"，隐于世事喧哗之外，陶陶然专心治学。生活中的她的确几近"隐身"，低调至极，几乎婉拒一切媒体的来访。

2004年《杨绛文集》出版，出版社准备大张旗鼓筹划其作品研讨会，杨绛打了个比方风趣回绝："稿子交出去了，卖书就不是我该管的事了。我只是一滴清水，不是肥皂水，不能吹泡泡。"

钱锺书去世后，杨绛先生以全家三人的名义，将高达800多万元的稿费和版税全部捐赠给母校清华大学，设立了“好读书”奖学金。90岁寿辰时，她专门躲进清华大学招待所住了几日“避寿”。

很多女人看到自己几年前的女同学嫁入豪门，有房有车，浑身名牌，她们就羡慕不已，并且希望自己也找个有钱有势、温柔体贴，天天陪在自己身边的男人，可是这种状态往往是不能共存的。

女人要学会取舍，千万不要太贪心，有些时候你贪多往往一样也得不到，所以最重要的是，我们应该学会选择最想要的东西，想要抓住所有的一切是不可能的。

杨澜曾经告诉我们：“结婚是非常单纯的事情，别搞得那么复杂，相信每一个女孩都是渴望爱情的。当女孩遇到自己深爱的那个人时，就会发现想跟他在一起，无所谓贫富，无所谓生死。女孩不要为了结婚而结婚，也不要为了想得到某种生活而结婚。”

有位名人曾经说过这样一句话：“幸福是相对的，我觉得容易满足于现状，欲望少一点，幸福感会多一些。就像如果想睡觉时能睡一觉，也会很幸福。”

迷茫的时候别让自己闲着，不断为自己赋值

很多女人都有这样的迷茫：“我适合做什么？”“我的兴趣和长处是什么？”“我应该做哪一行，哪一种职业？”“哪个方向才是我能终生努力的呢？”……二十几岁的年轻人，迷茫是常态。但如果因为迷茫就整天绞尽脑汁、止步不前的话，那就真的陷进迷茫这个恶性循环当中了。迷茫的时候不要让自己闲着，动起来，让自己永远在路上。

1994 年，董卿陪朋友一起去参加浙江电视台主持人招聘。因为自己目前无戏可演，董卿就顺道去报名，结果却误打误撞地通过了，也开始了自己的主播生涯。

生活，就是上帝给你关上一扇门，却也给你打开了一扇窗。在浙江电视台工作的日子锻炼了董卿各方面的能力，她也越发喜欢这份工作。

1996 年，董卿为了更好地实现自己的价值，便去了更大的舞台——东方电视台，不过由于是新人，到了那里根本就没人理她，也不把她当回事。董卿就这样整天无所事事地虚度着。

与其闲着还不如去学习，就这样她报了上海戏剧学院的电视编导系。上课期间，董卿认真学习专业知识，不断提升自己的专业能力。从学校学习完回来，她

就躲在家里看《红楼梦》《唐诗宋词》等名著。在这样迷茫的日子里，董卿通过不断的学习来平静自己浮躁的心态。

曾经看到过这样一句话："所谓的迷茫，不过是在一个该奋斗的年龄，想得太多而做得太少。"有的人迷茫，有的人彷徨，说到底，就是太懒，也是太闲，什么都不做，一直在原地打转。

很多女人都说：好羡慕那些找到了自己努力方向的女人，她们只要沿着它往前走就行。可是我们有没有想过，她们在找到方向之前，不是也走过很多弯路吗？在那些路上跌跌撞撞地走着的时候，她们也不知道这是不是自己的方向啊，甚至不知道这条路对不对，也困惑也迷茫也忐忑。但是每当这样的时候，她们就找一点事情来做，做着做着，可能就春暖花开了。

人生并没有真正的无用功，除非你只是闲着，那谁都帮不上你。如果闲着的话，我们可以想象一下会怎样：可能会多睡很多觉，有更多的时间出去逛街，彻夜打牌，谈一场淡然无味的恋爱……可是当我们午夜梦回时会悲从中来：我曾经也希望以写字为生啊，我曾经也想成为一名歌手啊……结果呢，我们一定会感到遗憾。

不管是多么低微的工作，只要愿意去做，我们总会有新的发现。其实每当我们到了一个新的位置就会发现，有很多条新的路可以选择。但是如果我们不去做，就什么收获都没有，还是会迷茫。

高中时欧阳夏丹参加了学校排的话剧《项链》，并获得了"最佳女主角奖"。这次成功让她更加自信，也明确了自己的兴趣方向。所以，她才会有足够的勇气去报考北京广播学院，并在几千人中脱颖而出。

在广院，她的文化课成绩是第一名，但专业一般。毕竟，在语言能力上，北京的同学有明显优势。此时的欧阳夏丹内心很迷茫和苦恼，但是她并没有"认命"。

每天清晨6点，她就起床到学校的操场上，对着白杨和核桃树练声。到了第二年，没有老师督促，坚持练声的同学也少了，而她还一直坚持着。因为坚持，大二时，她的文化课还是第一，而专业课已到中上水平。

即便现在已经成为央视“新锐主持人”的代表，欧阳夏丹依然没有止步，又分阶段地制订了一些学习计划，补充一些新鲜的知识，加强英语学习，向一个双语主持人的目标迈进了。

她说，成功其实就是蓄势待发、厚积薄发。成功也正因如此才会可持续发展。

黄渤也讲述过他在追求歌唱梦想的时候一度迷茫不已，他形容当时自己的状态是很慌，觉得“自己的青春，真跟每天按了一下抽水马桶那个按钮似的。哗一天过去了，哗一天又过去了”。

为了对抗这种比没钱还可怕的迷茫，黄渤每天都去找点有意义的事做，“哪怕今天写了一首词也算没白过；今天我把自己的小样送到了一个公司，不管结果怎么样，至少我今天干了点什么”。

在《少有人走的路》里，作者派克开篇就这样写道：“我们要成长，就必须经历痛苦。如果你正在遭遇迷茫之苦，感激它的来临吧，这是成长的礼物，一种意识的觉醒。我们不能回头，只能前进。比起从来没有迷茫，没有思考过自己的人生状态，我们进步了。我们需要做的是直面迷茫，穿越痛苦，这也正是成长的契机所在。”

对付迷茫最好的方法是直面它，坦然正视。迷茫并不意味着你在浪费青春，它可以是一次有意义的自我探索。毕淑敏说，合适你的事业，不靠天赐，主要靠自我寻找……因为我们对自己的认识是个抽丝剥茧、水落石出的流程。

不要拒绝迷茫，正是迷茫促使我们成长，促使我们不断对自己赋值，促使我们保持对智慧的探求。积极生活的女人，即使在大雾茫茫，找不准方向的时候，仍能保持对生活的热爱，对工作、学习积极努力。

第六章

谈话是歌，睿智惊艳全场

不要太能“说”了，小心吓着别人

美国著名的成功学大师卡耐基曾说过这样一句话：“很多人为了让别人的意见同自己保持一致，他们往往采用了一种错误的策略：说话太多。尤其是那些推销员，他们更易犯这种不经济的毛病。其实，你不如让对方畅所欲言，因为每个人对自己的事和与己有关的问题一定比你知道得多，所以不如问他一些问题，让他给你讲述有关的一些事情。”

身为主持人的董卿，虽然也很能说，但是她非常善于精炼语言，自己不说太多，更多的是给别人说话的机会。在《朗读者》第二期中，节目邀请了一位野生动物饲养员来朗读。站在舞台中央的董卿，亲切地与从观众席上走上来的饲养员大哥握手。

于是董卿开场就从大哥擅长的环节开聊，问其最喜欢的野生动物是哪一种，本来话题应该从此打开，但是饲养员大哥似乎有些紧张，导致回答问题的时候会有一些表情僵硬、面部抽搐的动作。因此，董卿找话题引到大哥或许是不善言表，并向观众解释大哥谈吐不自然的原因，甚至还幽默地说大哥有时间可以稍微进行自我微调。

接着董卿急中生智，问了饲养员大哥一句：您觉得自己像什么动物？她把话语权又转给大哥，并且又给到他擅长的问题（介绍动物）。最后，稍微缓和后，她又带到主话题：大哥和自己喜欢的动物有什么感人的事？此时饲养员大哥已经不那么紧张了，在讲完自己的动人故事之后他已然控制不住眼泛泪光。董卿控制得游刃有余，完美把握住了被访谈者的情绪，善于提问，打开了大哥的话匣。

主持人窦文涛说："做主持人少说一句比多说一句强。"李维嘉也曾说："主持人不光是靠说话来表现自己，还要懂得让别人开口说话，就像了解别人需要什么一样，你应该学会让现场的观众开口说话，把他们的情绪调动起来。"

有人认为，一味让对方开口，让对方表达观点，不是丧失了对问题的主动权吗？那样的话，说不定不但我们没有说服别人，反而被对方说服了。其实这种想法是错误的。

我们鼓励对方先说话，多说话，目的在于研究分析谈话者，寻找到一针见血的切入点，然后直击要害。因此一般谈话者最主要的目的是得到一个相对独立的解决问题的方法。所以，只要精于提问，往往就会有收获。

当然，鼓励对方说话不是盲目的，我们要找准谈话者普遍关注的热点、难点问题。只有涉及双方利益的问题或者双方都关注的问题，才会引起对方的兴趣。在话题主导方面，一定要让对方"有话可说"，寻找到恰当的谈话空间，尤其要注意让对方能够与你产生共鸣，这样才能谈得上交流。

在倪萍主持的公益寻人栏目《等着我》里，倪萍坐在演播室的沙发上，往往只以一句"有请"开场，然后任寻人者讲述自己的故事。有引导提问，但基本不会打断对方说话。播出时每人不过20分钟的片段，但录制时长从来没法控制——在心理学上，倾诉本来就是重要的治疗手段。

"很多人一辈子没有对人说过的创伤，甚至自己都没意识到是创伤的创伤，对倪老师就很自然地说出来了。”节目评论员张春蔚说。这不只是因为倪萍曾是家喻户晓的名人，更因为她像自家人一样招呼他们：“姐姐来坐我旁边”“孩子你今天是来找谁的？”有人多年苦撑都没有哭，一见倪萍，听到这样的一声提问，便如得到释放般哭了起来。

更重要的是，倪萍有丰富的生活经验，或者说，中国经验，能捕捉一句话中隐藏了什么现实背景，也能洞察没说出口的地方包含了怎样的创伤。一个姐姐来寻找36年前走失的弟弟，说到别人都认为是她把弟弟弄丢的，倪萍马上问：“妈妈也是这么认为的吗？”

姐姐哭了：“妈妈没有这么说过，但我觉得她心里就是这么想的。”

然后父母上台。尽管节目组想带出所有心结一朝冰释的走向，但遗憾的是母亲一心只念找儿子，向女儿道歉并不走心。

在谈话节目中，主持人往往能够根据谈话中的内容灵活选择切入点，提出一个新的、观众感兴趣而且也能够引起嘉宾共鸣的话题，嘉宾会更加滔滔不绝，而主持人也就有了更多的资料能够选择新的切入点，于是整个节目进入良性循环，成功地进行下去。这种引导谈话的方法，实际上从另一个方面鼓励了谈话者多说话，在我们日常活动中有值得借鉴的地方。

每个人都只对自己感兴趣，比起别的事情，他们对自己本身的兴趣最浓厚。卡耐基说过：人如果不去思考特定的问题，那么他有95%以上的时间在思考自己的成就与需要，那是每个人平时最关心最在意的问题。每个人都有自重感，都希望自己很突出、很重要、很特别，都喜欢尊重他的人，都渴望被理解、被重视、被认可。

但很多女人都会错误地把说话当作一种衡量学问深浅的量尺，事实上，口若悬河、妙语如珠不等于口才好。真正会说话的女人懂得适可而止，把更多表达的机会让给对方。

影响气质的不只是你的外表，还有你说话的声音

漂亮的声音总有着美妙而神奇的魅力。对女人来说，声音好比她的第二张面孔，是女人裸露的灵魂。

有人说，董卿一开口，声音太美了，一直听都不觉得烦。董卿的声音明朗、柔和、温暖，让人不自觉地想要闭上眼睛静静聆听，跟随她的声音进入那美轮美奂的仙境。在《朗读者》中，董卿在节目的开场或中间部分都会承上启下地说出一些意境优美、引人深思的话。

在第一期开场，董卿说："'蒹葭苍苍，白露为霜，所谓伊人，在水一方。'这是撩动心弦的遇见；'这位妹妹我曾经见过。'这是宝玉和黛玉之间初见面时欢喜的遇见；'幸会，今晚你好吗？'这是《罗马假日》里安妮公主糊里糊涂的遇见；'遇到你之前我没有想过结婚，遇到你之后我结婚没有想过和别的人。'这是钱锺书和杨绛之间决定一生的遇见。"跟随董卿的声音和情感，深思一下，我们都有哪些难忘的遇见呢？

董卿说："声音是一种传递信息的介质。朗读与音乐相通，都是传递爱的

方式。在《朗读者》中，你要做的是用心去聆听。”董卿用她的声音带我们领略到文字的魅力，朗读的精彩。

有人对女人的声音这样评价：声音是女人随身携带的天然乐器。如果女人在与异性交往时能够很好地弹奏这种乐器，优美的旋律能够深入异性内心，将其深深打动，那么美好的事情自然会降临到你的身上。

与人交际中，我们的思想和观点都是以声音为媒介表现出来的。拥有悦耳动听的声音，不仅是锻炼口才的首要环节，也是打动人心的温柔力量。

东方卫视曾经有一档节目叫《幸福魔方》，它是一个处理人与人之间纠纷的电视节目。在节目当中做最后分析的是一位女心理学博士。这位心理学博士音调较低，音色甜美，使得做节目的嘉宾和观众在最后都能耐心地听她娓娓道来，沉浸在她轻柔亲切的声音之中。这种音色与音调非常容易引起大家的共鸣。

温言细语、谦顺柔和，是女性特有的语言风格，使人倍感亲切。温柔的声音是人类最美妙、最动听的声音，有一种直达人心的魅力。

靳羽西女士是全球公认的最有气质的东方女性之一，她说：“我专门向语言专家请教过说话的技巧，说话时尽量把声音放低，听起来会比较好听，显得人有涵养、有底蕴，容易赢得人们的好感和信任。”

有教养的女性是不会高声说话的，在生活中她们也很少出现泼妇似的吵闹。为了保持温柔的形象，很多女演员甚至都做了声带手术，就是为了避免出现声嘶力竭的高调。

好的声音是可以通过练习实现的，它有一些基本的要求：持久、有力、准确、清晰、圆润。为了达到这些要求，我们必须对自己的声音加强训练。

首先练气。气息是人体发声的动力，就像汽车上的发动机一样，它是发声的基础。气息的大小对发声有着直接的关系。气不足，声音无力；用力过猛，又有损声带。所以我们练声，首先要学会用气。

吸气：吸气要深，小腹收缩，整个胸部要撑开，尽量把更多的气吸进去。我们可以体会一下，你闻到一股香味时的吸气法。注意吸气时不要提肩。

呼气：呼气时要慢慢地进行。要让气慢慢地呼出。因为我们在演讲、朗诵、论辩时，有时需要较长的气息，那么只有呼气慢而长，才能达到这个目的。呼气时可以把两齿基本合上，留一条小缝让气息慢慢地通过。

经科学考证，讲话时呼吸方法以采用胸腹式联合呼吸法（也称丹田呼吸法）发出的声音效果最佳。具体方法是：收缩小腹，以丹田的力量控制呼吸。这种方法全面调动了发声器官的能动作用，活动范围大，伸缩性强，对嗓子的保养也有一定的作用，是一种科学的运气方法。

其次练声。人类的声音源于声带，是通过气流振动声带而发出来的，而发音的音响、音高则是由声带的振动频率所决定的。一个人的声音是否动听，很大程度上取决于其声带的好坏。因而，在先天因素的基础上，对声带进行后天的训练和保护，是拥有一副好嗓子最直接和有效的措施。

需要注意的是，在练发声以前，先要做一些准备工作。先放松声带，用一些轻缓的气流振动它，让声带有点准备，发一些轻缓的声音，千万不要张口就大喊大叫，那只能对声带起破坏作用。这就像我们在做激烈运动之前，要做些准备动作一样，否则就容易使肌肉拉伤。

女人柔美的声音是酒，芳香四溢，沁人心脾，她的声音里有高潮、有舒缓、有喜忧，引人入胜，扣人心弦。

将别人看在眼里，放在心上

想做一个说话讨喜的人，就要懂得哪些话该说，哪些话不要说。将别人看在眼里，放在心上，才能用言语打动别人，让别人不知不觉喜欢你。一个睿智的女人在说每一句话之前，都会考虑一下她要说的话是否合适，而不是口无遮拦，想说什么就说什么，给其他人造成不快。

董卿在《挑战不可能》节目上担任嘉宾时，看到一个整容的女嘉宾，而她又对这个姑娘为什么整容产生了兴趣，换作是大多数人，可能就会直接脱口而出："为什么整容啊？"但董卿不一样，她用了一个词"非自然生长"。观众纷纷感叹道：董卿的情商真的好高啊，太会说话了。是的，人人都有追求美丽的权利，人人都需要被尊重。在说话时考虑别人的感受，把别人放在心上，是一个女人聪慧、机智的表现。

一个在聊天时只考虑自己而忽略别人的人，往往会被别人看作自高自大、自私自利的人，这样的人爱以自我为中心，也往往会让大家避之不及。而那些能把对方放在心上，畅所欲言的人，才是真正的说话高手。

即使是亲密无间的朋友，我们在说话时也不能口无遮拦，不考虑别人的感受。有些女人说话之所以惹恼人，都是因为说话时不顾及别人的感受，不将别人放在心上。

当你看到一位身材肥胖的女同事，大声地询问她："哟，你又长胖啦？你老公都弄什么给你吃，把你喂得这么肥啊？"你的女同事心里一定对你非常不爽，说不定她还会立刻和你翻脸呢！

一位刚刚失去亲人的朋友正处于悲痛之中，如果你冒失地说："最近过得如何，开心吗？听说电影院上映了一部喜剧大片，要不要哪天咱们一起去看看？"你的朋友也一定不会对你有什么好的印象。

一位新娘子在婚礼上穿了一件不太合适的衣服，但聪明的女人是不会批评新娘子的。如果你不注重场合，和周围的人议论新娘子的衣服："哎呀，她这身礼服剪裁得真不错，可就是颜色嘛，看着很不合适……"你的话不仅会让当事人对你不爽，甚至就连旁边的客人也会觉得你这个人不解风情，大煞风景。

将别人放在心上的女人懂得尊重别人，不随便打听、干涉别人的隐私，评论他人的是是非非。她们也不会无事生非，捕风捉影，乱传小道消息。所以我们在说话时要有事实根据，不能听风就是雨，随波逐流。总之，说话的时候要约束一下自己，多考虑别人的感受，我们应该明白什么话是该说的，什么话是不该说的。

《看见》在播出药家鑫这一期节目时，柴静的一个举动又引发争议：节目2分16秒，柴静正采访受害者张妙的父亲张平选时，隔壁忽然传来一阵号啕大哭，是张妙的母亲。"为什么不进去劝劝？"柴静问。"不劝，劝也没用。"柴静起身，对着镜头说："我去看看，我去跟她说说……"

她示意摄像师留在原地，不要拍摄。采访戛然而止。

进屋后，柴静把手搭在张妙母亲的手臂上。那时，她忽然问自己：如果这是20多岁的自己呢？不会做这个动作。也许手足无措，也许很"粗暴"地给对方擦去眼泪，嘴里不断说着“不要悲伤，明天会更好”之类的安慰话。

还有一种可能，二十出头的柴静会端着摄影机闯进去，拍下母亲崩溃的画面，或等女人停止哭声后，继续追问采访。可是这一次，走进张妙房间后的柴静没有出现在镜头中；最终呈现的画面是张家门帘背后模糊映衬出的柴静拉着张妙母亲的剪影。再没有任何具象镜头，只听到女人断断续续的哭声。

“我不想‘消费’这件事。‘进去’只是私人举动。没必要在镜头前强调和夸张。”柴静说，“年轻时，总意识到镜头在盯着自己，必须夸张行为，取悦谁，来完成任务。到了我这个年龄，已经知道有些人承受的东西是他人无力改变也无法体会的。唯一能做的是在得到别人的允许后，陪伴于此。跟你一起，试图感受你的感受。‘陪伴’也在传达一种无能为力。对不起，没办法，只能感受。”

有时候，感同身受的安慰比千言万语都有用得多，因为你是站在她的角度上，体会她的难过与伤心，这种心与心互相怜惜的力量能让处在困境中的她感到自己并不孤单。

藏族有句俗话：“说一句话，要看在场所有人的脸。”真正有智慧的女人，说话特别有分寸，说什么都会考虑照顾别人的心，这才是值得我们学习的。现在有些女人说话很直，不管什么话都敢说，结果得到很多人的赞叹，认为这不装，有个性。其实，说话时考虑别人的感受，这是做人最起码的素质。

谈事情，把重心放在对方身上；要责备，先把箭头指在自己身上。最重要的是，当你说话的时候，一定要记得别人。因为没有一个听人讲话的人，会希望被讲话者忽略；也没有一个忽略听众的说话者，能获得好的反应。

我们可以在平常和别人聊天时，尽量别让自己说出“我”字。每次当你想说“我”的时候，就改成“你”或者“他”。你会发现，在接下来的谈话中，你会不断地说出“你那天……”“你感觉”“你的看法……”，当你将这些话题不断地丢给对方，让对方畅所欲言的时候，对方已经在心里喜欢上你了。

倾听是尊重，更是一种内心的修养

“倾听”是一种“无言的赞美和恭维”。女人在与人交谈时，如果能把倾听当作一种习惯，在真正了解对方的需求后再表达自己的观点，不仅能赢得他人的尊重与信赖，还能给你带来意想不到的收获。董卿就是一个善于倾听的人。

很多人会发现，董卿经常在台上讲述选手参加比赛背后的小故事，这样亲切的介绍不仅让选手们觉得温暖，也让观众们更加全面地了解选手们不为人知的一面。

在一场集流行与原生态为一体的哈嚓多元化组合演唱完《月亮》后，董卿便向观众介绍说：“这个组合可复杂了，他们当中有大学生、电工、钳工等，来自汉族、满族、瑶族、壮族等民族，真比满汉全席还丰盛……”她的即兴解说，一下子拉近了选手与观众的距离，让选手们更加自信。

殊不知这些故事的背后，董卿需要做足功课。董卿每天下午彩排间隙，都会抽空采访选手，倾听他们的故事。而这时，她就是一个最好的倾听者，倾听选手的喜怒哀乐，挖掘他们最感动人的瞬间。正是因为台下认真地倾听，才造就了台上拿着话筒淡定从容主持的董卿。

古希腊先哲苏格拉底说："上天赐人以两耳两目，但只有一口，欲使其多闻多见而少言。"寥寥数语，形象而深刻地说明了"听"的重要性。

当一方在侃侃而谈时，他总是希望对方能够专心致志地聆听，因为他渴望被尊重，被理解。只有他感觉到别人对自己的重视时，他的内心深处才会获得安全感与认同感，才有可能对倾听者生出好感。

倾听是对别人极大的尊重，也是真心实意关心别人的表现。最有魅力的女人一定是一个倾听者，而不是滔滔不绝、喋喋不休的人。倾听，不仅仅是对别人的尊重，也是内心的修养。

富兰克林说过这样一句话："当你对一个人说话时，看着他的眼睛，当他对你说话时，看着他的嘴。"当我们想抵达一个人的心灵时，倾听是最好的语言。

柴静曾说："采访的时候，我总是习惯性地身体前倾。这是一种发自心灵的倾听姿态。倾听，让我可以更贴近被访者的内心。新闻的背后是心灵。"

奥运会采访施泰纳，柴静更多的也是听。当时，施泰纳手里紧紧攥着妻子的照片，他兴奋地向柴静描述他拍那张照片的经过：有一天，他和妻子一起在森林里面跑步的时候，他喊了一声妻子的名字，妻子回眸一笑，他就拍下了那一瞬间。

他说那一瞬间就是他的幸福，他的一切。他跟柴静说他怎么重返运动场，他靠恨，他靠失去苏珊的恨。所以他要举起更多的重量，所以当给柴静讲起他得金牌的那个夜晚，他比任何时候都感觉到孤独。因为所有的人都离开了，所有的媒体采访结束之后，他一个人躺在床上，但他最爱的人不在身边。他说比金牌更重要的是有一个家庭，有两个孩子，和自己爱的人过很幸福的生活。

柴静不懂他的语言，他们俩从不相识，但是在这短短的20分钟的时间里，柴静盯着他的眼睛默默地倾听，她知道，施泰纳在向她打开自己的心灵。她听不懂他在说什么，但是她从他的眼睛里面能看到他内心深处所有的颤抖。

美国 CNN 著名主持人拉里 · 金曾说过，真正健谈的人不都表现在“谈”上，也表现在会“听”，听后能把握住要点，紧跟追问。他认为要做好访谈，首先要善于倾听，想要别人对你感兴趣，你要先对人家感兴趣。只有仔细倾听，才能适当回应。

拉里·金说:“我每天早晨都提醒自己一条重要的原则:今天,我不管说什么话,自己什么都学不到；要想学到什么，只有多听。”

当然，倾听不仅仅是保持沉默，用耳朵听听而已。真正的倾听，是要用心、用眼睛、用耳朵去听。那么如何倾听才能让女人掌握主动?

要有良好的精神状态。良好的精神状态是倾听质量的重要前提，如果沟通的一方萎靡不振，是不会取得良好的倾听效果的，它只能使沟通质量大打折扣。保持身体警觉有助于使大脑处于兴奋状态。

在与人交谈时也要及时用动作和表情给予呼应。谈话时，应善于运用自己的姿态、表情、插入语和感叹词。如微笑、点头，都会使谈话更加的融洽。

还要适时适度地提出问题，这也是一种倾听的方法，它能够给讲话者以鼓励，有助于双方的相互沟通。

最关键的是我们不要随便打断别人讲话，要有耐心。千万不要在别人没有表达完自己的意思时，随意地打断别人。当别人流畅地谈话时，随便插话打岔，改变说话人的思路和话题，或者任意发表评论，都被认为是一种没有教养或不礼貌的行为。

要使别人对你感兴趣，那就先对别人感兴趣。问别人喜欢回答的问题，鼓励他人谈论自己及他所取得的成就。不要忘记与你谈话的人，对他自己的一切，比对你的问题要感兴趣得多。

对方失误，巧妙替别人解围

衣服上出现了一个洞，有些女人会打上一个补丁，斑斑杂杂，很是惹眼；而有些女人会在洞处绣出一朵花，明媚艳丽，宛若天成。

在生活、工作中，我们常常遇到一些尴尬场面。如果处理不好，很有可能损坏自己的形象或使他人很没面子，从而影响活动气氛。如果随机应变，巧妙地回答，不但能够很好地化解尴尬，而且会使气氛更加浓烈。

作为一名主持人，会经常面对表演者出现失误的场景，这时就需要主持人的头脑灵活、反应灵敏。

在 2009 年春晚首次彩排中，青年美声歌手王莉在上场的时候不慎摔倒，单膝跪地。虽然她的舞台经验丰富，没有影响到声音的效果，但现场气氛还是显得有些尴尬。面对王莉的摔倒，董卿临时发挥，说了这样一段非常睿智的话：“刚才歌手王莉不小心摔倒，好在没影响到她的演出。其实春晚就是这样一个舞台，能站在这里的都是最优秀的演员，大家都是摔倒了又爬起来才走到这里的！”董卿就是通过巧妙的话语为王莉解了围。

我们每一个人都会犯错。当我们遇到别人的言行出现差错时，如果不是不可原谅，非纠正不可的原则性错误，那不如将错就错，机智地帮助对方化解，变无意之失为有意之为，让错误变出美丽，把笑话变成佳话。

睿智的女人善于替别人解围，在交际场合中，她们善于察言观色，适时得体地打圆场，不但能够帮助别人摆脱尴尬，化解纷争，缓和僵局，变难堪的场合为活跃、融洽的场面，还能协调人际关系，彰显自己的口才魅力，可谓是一举多得。

睿智女人对待生活从不盲目，她们会思考，会总结，对待困难总会有好的方法，能言善辩的嘴巴讲出的道理让人不得不心服口服。但这并不意味着狡辩，而是面对无理的巧妙反驳。睿智的女人对待任何挫折都会巧妙应对，睿智可以使生活变得更加丰满。

有一次，著名演员新凤霞和丈夫吴祖光举办敬老晚宴，请了文艺界许多老前辈，年近九十的画家齐白石在保姆的陪同下也前来参加。老人坐下后，就拉着新凤霞的手慈爱地端详个没完。保姆不好意思地对白石老人说：“您总盯着人家看什么呀？”

白石老人很尴尬，气鼓鼓地说：“我这么大年纪了，为什么不能看她？”大家一时都不知说什么好。这时新凤霞笑着对白石老人说：“您看吧，我是演员，就是给人看的，不怕人看。”在场的人都笑了，气氛顿时轻松起来。

有的人之所以陷入窘境，是因为他们的举止在某些场合不大妥当，但大多是无心之失。在此情形下，最有效的解围方法莫过于为对方寻找一个充分的理由，以此证明对方有悖常理的举止是“合情合理”“无可厚非”的。

有句话是这样说的：最好的教养，就是不让人难堪，不动声色地替人解围，事后也并不夸夸其谈。善于为周围的人解围、打圆场的女人，可以获得别人更多的赏识和信任，从而不断提升自己的人缘魅力。

在一次元宵晚会上，小沈阳在表演结束后下台时，一不小心没站住，摔了下去。董卿立即上台为他解围："小沈阳是在逗咱们，其实他到哪表演都摔。"观众纷纷为董卿的睿智热烈鼓掌。

做女人要睿智，美貌与才华面前，有品位的人会更加赏识后者。睿智会让女人自持自在，不俗的气质里饱含女人味，这味道醇香持久，回味悠长。

自嘲是化解尴尬的“灵药”

自嘲往往是化解尴尬的最好方法。自嘲看似是自我贬低，实际上却能拉近人和人的距离，获得尊重和认可。美国的赫伯·特鲁写了一本叫《幽默的秘诀》的书，就把自嘲列入最高层次的幽默。董卿就是非常善于自嘲的人。

有一次，董卿去兴化主持节目，左手拿着雨伞，右手拿着话筒，满面春风、神采奕奕信步向台前走来，边走边说：“兴化的父老乡亲们，你们好！”不料，脚下一滑，话音和屁股几乎同时落地，全场的人都被这突如其来的情形吓了一跳。当她被工作人员扶起来后，大家全神贯注地看着她，现场气氛很尴尬。当她调整好情绪抬起头来时，那花儿一样的笑容立即绽放开来，董卿很平静地说“这是我从事主持生涯15年来遇到的最恶劣的天气，我把跟头跌在了兴化，这一跤让我这辈子永远记住了兴化。”现场的观众都被她幽默的自嘲给逗笑了，台下掌声雷动。

女人自嘲时，自暴其丑，显示了一个人的大度和坦诚。勇于暴露自己的问题，揭露自己的短处，这样的人往往被人视为可信的人。

自嘲术的使用，使说话者能轻松、愉快地正视自己的弱点，摆脱困境，增强自信心、自尊心，同时又可使气氛活跃起来。

某位著名的女演员，身体发胖，就经常拿自己的体形开玩笑：“我不敢穿上白色游泳衣在海边游泳，我一去，飞过上空的美国空军一定会大为紧张，以为他们发现了古巴。”一句自嘲，并没有降低自己的品位，大家反而觉得这位胖女士有可爱的性格和豁达的心胸。

通过嘲笑自己的长相、缺点、遭遇等，可以使自己轻松地摆脱困境，为自己解围，因此，自嘲在应付尴尬境地中有特殊的表达功能和使用价值。

著名的女主持人杨澜，还在担任《正大综艺》节目主持人时，曾被邀请为某市的一次大型文艺晚会担任主持人。出人意料的是，在演出晚会到中途时，杨澜不小心在下台阶时摔了下来。在这种大型场合出现如此情况，确实令人尴尬。

杨澜非常沉着地爬了起来，凭着她特有的非凡口才，对台下的观众说：“真是马有失蹄，人有失足呀。我刚才的狮子滚绣球的节目滚得还不够熟练吧？看来这次演出的台阶不是那么好下哩！但台上的节目会很精彩的，不信，你们瞧他们。”

杨澜这段自我解嘲式的即兴话语非常成功，不但使自己摆脱了难堪，更显示出了她舌灿莲花的口才，以至于她话音刚落，会场就立刻爆发出热烈的掌声。

遇到突发的尴尬场面，如果处理得不够完美或者不够巧妙，都会使当事人很没“面子”。但是如果在遭遇尴尬的时候，能适当地用幽默的语言自嘲一下，必定能迅速转移他人的关注焦点，从而轻松地摆脱尴尬。

真正有自信的女人敢于用自嘲这种幽默的方式让自己全身而退。自嘲的女人最有亲和力，即便是遭遇尴尬的时候，她们也不会面红耳赤，恨不得挖地三尺去逃避，甚至怒火中烧。她们总能豁达地承认自己的不足，既博大家一笑，又展示了自己的坦诚和睿智，所谓的难堪当然也就不复存在了。

一个女人的幽默感，绝对不是放弃性别差异，以效仿男人充满攻击性色彩的言行来获取幽默效果。它应该是建立在善意之上的讥讽，是在自我调侃基础上的锋利。蔡澜曾一针见血地说：“有幽默感的女人，不是会说笑话的女人。是听男人讲话时，笑得出的女人。”

想要使自己的谈吐在短时期内就能变得诙谐幽默起来，不是一件很容易的事情。幽默不是三言两语即可传授，它是睿智的体现，是一个人的思想、学识、智慧、灵感在语言中的体现。在日常谈吐中，不仅能够对他人幽默，偶尔的时候，“幽自己一默”，也能收到不错的效果。

董卿在担任《挑战不可能》节目的评委时，被问到与担任主持人有什么差别时，她说：“最大的不同就是可以坐着说话，而且说话特别管用。”董卿幽默地调侃自己的评委身份，令现场的所有人开怀大笑。

学会幽默吧，走在风和日丽的阳光下，甩一甩长发，俏皮地调侃一段，勇敢地自嘲几句，难道不更加迷人吗？美人兮，窈窕兮，有的女人美丽精明，难以接近；有的女人漂亮柔弱，让人怜惜。作为女人，不要把自己置于一种怨天尤人的氛围之中，不妨借幽默的契语，对所谓的环境不满，来鞭挞“无辜”的自己，合理、适度地调整自己的心情。

没有幽默感的女人，仿佛是没有香味的玫瑰花，远看完美无瑕，可是走近，却不得不让人叹息。所以要想成为一个有魅力的女人，就必须懂得自嘲的艺术。因为这种幽默方式能显示出一个平凡女人的风度、素养和魅力，能让人在忍俊不禁、轻松活泼的气氛中工作和学习。学会自嘲，提高个人的语言魅力，为我们的谈话锦上添花。

反应迅速，机智救场

生活中往往有一些意想不到的情况发生，这时候就需要当事人根据具体情况迅速做出反应，立即组织语言临场发挥，这就需要你有灵活的反应能力。

要做个机智的女人，就要在不同的环境中，以不同的方式对待所发生的事情。倘若在面对不同事物时，你没有出色的反应能力，不会随机应变，那就很容易让自己陷入尴尬的境地。

一次《青歌赛》的录制中，有一位来自藏族的歌手在综合知识问答方面表现得很差。这位藏族歌手听不太懂普通话，即使有现场的藏族评委为他翻译，他还是没有答上题目，这时台上台下异常安静，气氛有些尴尬。

就在这时，董卿说了这样一番话："其实他听不懂我们的话正如我们听不懂他唱的藏歌一样，但是他今天为我们带来的是中国海拔最高地区的歌声，歌声里他的感情我们听得懂，他唱出了打动人心灵的歌声。其实，此刻他听不懂我们在说什么，来到这座城市时他感到的是一种陌生，我们该给这样质朴的歌手更多的关怀，即使听不懂，但是歌声没有界限，情感没有界限，相信我们的关怀他一定听得懂！"董卿及时救场，全场观众为她的机智和优雅鼓掌。

董卿总是能轻松地化解舞台上的突发状况。有人说语言是一个人思维反应能力的外在表现形式，那么，董卿的反应能力可谓是非常出色。

我们也想要在发生突发状况时，做到像董卿一样是非常不容易的。因为女人的情绪是非常不稳定的，尤其在遇到突发事件时，往往会变得情绪冲动，缺乏周密的思考，从而做出错误的决策。

对于当事人来说，决策意味着一个重大的转折，一步走错就会满盘皆输。因此，拥有一个平稳的心态，才能冷静地分析利弊，快速地做好决策。可以这样说，缓解危机情况，心态沉稳是非常关键的。

中华人民共和国历史上第三位女性副总理吴仪是一名出色的外交家。在谈判过程中，吴仪总是能巧妙地切中话题点，随机应变地控制整个谈话场面而不被对方牵着鼻子走。美国前商务部长埃文思评价她说："她总是面带微笑，可这微笑中能让人感到她的坚强神经和工程师般的思维"。

吴仪以其机智、干练和强硬，在国际谈判桌上，赢得了"中国铁娘子"的美誉。1991 年，中美进行知识产权谈判。一开场，美国人就嚣张地说："我们是在和小偷谈判。"吴仪立即予以反击："我是在和强盗谈判，请看你们博物馆里的展品，有多少是从中国抢来的？"她犀利的回答让对手意识到"这个女人不简单"。

当我们在生活中遇到危机时，要学会镇定自若，尽自己的最大努力见招拆招。应变能力也反映着一个人的机智和修养。深厚的随机应变功底不仅能在情况发生变化时化险为夷，化拙为巧，使自己摆脱尴尬境地，有时候还会为自己带来意料之外的转机。

因此，我们在遭遇尴尬场面时，手忙脚乱、不知所措不是明智之举，要调动脑细胞巧妙应对才是上策。同样，出色的反应能力在很多事情上都是至关重要的。这不是一朝可以练就的，需要经过后天培养。

多看杂志，扩大知识面，拓展思路。因为有的时候反应慢是因为对其不了解，导致每次在大脑的思考时间过长。胸无点墨、知识面严重匮乏的人反应能力肯定差，就算生拉硬扯地说了一些话出来，也不会解决问题，因为他们并不能迅速而准确地表达自己的所想。唯有机智和才能结合起来，才能达到解决问题的效果。

多和别人交谈，多说话，试着有条理地讲话，重要的是你说话时不要太慢，快速讲话有助提高思维的敏捷度。

运动，主要是打球。羽毛球和乒乓球最为有效，因为如果你反应慢的话，你就很难接到球，很难判断球飞过来的落点。如果你能经常练练这两种球，一定能提高你的反应能力。反应能力不是一天能练出来的，多做一些快速运动，随时保持头脑的思考速度。

多参加富有挑战性的活动。在实践活动中，我们会遇到各种各样的问题和实际的困难，努力去解决问题和克服困难的过程，就是增强人的应变能力的过程。

扩大个人的交往范围。无论家庭、学校还是小团体，都是社会的一个缩影，在这些相对较小的范围内，我们可能会遇到各种需要应变能力才能解决的问题。

做一个沉稳睿智的女人，让自己拥有胸有成竹的镇静、虚怀若谷的坦荡、游刃有余的从容、处乱不惊的大气，永远神采奕奕、魅力无穷。

有创意的表达，价值千金

有一些女人，无论走到哪里，都会成为人群中的焦点，将别人的注意力自然而然地吸引过去。这不是因为她们长相俊美，也不是因为她们穿着高贵，而是因为她们才气逼人的谈吐所散发出来的魅力独特。

当然，想要做到表达有创意并非依靠天赋，而是要有深厚的文化知识做底蕴，再通过敏锐的洞察力去感悟，在生活的每一个片段中不断地搜寻、提炼，最终把它与自己的生活融会贯通，才能达到独特而有创意。

在《欢乐中国行》走进鄱阳时，董卿向在场的观众们说："观众朋友，鄱阳啊，可是中国古代著名的古战场。周瑜曾经在这里操练水兵，而且鄱阳县也是鄱阳湖历史的发源地，自古这里就与湖有着不解之缘。生活在这里的人们可以说是以湖为生、以湖为家、以湖为友。今天呀，我们不妨把这个'湖'字拆开来看，它是由水、古、月三个字组成的，我觉得这就很好地概括了我们鄱阳的精神特质。你看，'水'代表着鄱阳的湖文化，'古'自然是指鄱阳有着悠久的历史，而'月'象征着纯洁与美好。"台下顿时掌声一片。

女人要有容貌，也要有才华。才貌兼备的女子，会从生活中去解读优美和温柔，所以时时刻刻都能散发出出类拔萃的光彩。一位才貌双全的女子，犹如浩瀚烟波里的一片霞光，永远点缀着万里长空。

才华是女人必不可少并且要不断修炼的东西。才华不能投机取巧地移植复制，更不能一蹴而就地拥有，它是一种阅历的积淀，是一种饱读诗书的厚重。有才华的女人因了知识的丰富，比常人更能洞明世事，更容易与人沟通。

民国才女林徽因思维敏捷，妙语连珠，语言中的锋芒和闪烁的智慧、学识引发着共鸣，感染和影响着他人。

林洙在《梁思成、林徽因与我》一书中曾写道：“她是那么渊博，不论谈论什么都有丰富的内容和自己独特的见解。一天林先生谈起苗族的服装艺术，从苗族的挑花团，谈到建筑的装饰花纹。她又介绍我国古代盛行的卷草花纹的产生、流传，指出中国的卷草花纹来源于印度，而印度的卷草花纹来源于亚历山大东征。她指着沙发上的那几块挑花土布说，这是她用高价向一位苗族姑娘买来的，那原来是要做嫁衣上的一对袖头和裤脚。她忽然眼睛一亮，指着靠在沙发上的梁公说：‘你看思成，他正躺在苗族姑娘的裤脚上。’我不禁扑哧一笑。”

正所谓“一人之辩，重于九鼎之宝；三寸之舌，强于百万之师”。从古至今，语言就充满着独特的魅力和无穷的力量。拥有学识的女人，即使是岁月的轻霜爬上脸颊，她也会风韵犹存，也会不失典雅的风范。

有才气的女人，话语从她们的口中说出来，常常如同春雨般沁人心田。不论何时，不论何种场合、何种问题，她们都会依据自己的知识，从独特的角度去思考，表达新颖有创意。在别人绞尽脑汁、不知如何解决问题时，她们会根据自己的经验和积累来辨明问题，解决问题。

如果说口才是女人的一张名片，那么，所讲的内容便可以折射出一个女人真正的内涵。其实，内涵是一个女人所展现出来的纯净平衡的心态，而且一个有内涵的女人，往往都是有极高修养的。正是用这种修养做底子，那些妙语连珠的女子才能有不同于常人的独到见解。

一个人说话的魅力并不只在于你的声音多么动听，更重要的是你的观点是否有新意。缜密的思维、幽默机智的应答、准确的表达，这一切无疑都来源于头脑中的广博知识，那种不着边际的、没有什么实际意义的夸夸其谈并不是好口才。

塞缪尔·斯迈尔斯在《自助》中有这样一句话：“人如其所读。”当你有了闲暇的时间可以去多看一些书，为自己增加知识内涵，只有这样才能开阔眼界。女人有内涵才能口吐莲花，妙语连珠，见解独特，倾倒众人。

说有趣的话，做有趣的人

一个谈吐风趣幽默的女人，往往是最具有魅力的，她不仅能妙语连珠，而且还能鼓舞他人。

风趣幽默、鼓舞人的女人展示在他人面前的是一种优雅的风度，一种健康的心态，一种文化的内涵，一种人生的积淀，还有一种思想的睿智和生命的美丽与洒脱。

在第十四届青歌赛的流行组比赛中，原本是一号选手的金美儿在团体五轮中都是最后一个上场，但在当天的个人决赛却抽到第一个出场，心里难免有些紧张。

为了减轻选手的心理压力，董卿安慰她说："第一个上场很难找到圆舞曲的感觉。但是对于有实力的选手最后一个上场叫后发制人，第一个出场叫一马当先。希望你能有一个良好的开始，因为良好的开始是成功的一半。"观众席里一阵热烈掌声。

有人说，董卿是青歌赛的一道亮丽的风景线。这话一点也不假，她就地取材，巧妙地运用选手的两次出场顺序，寥寥数语中却风趣地表达了对选手的祝福，同时为比赛增添了活力，充分显示了一个优秀主持人的睿智口才。

一位著名的俄国作家说：“生活中没有哲学还可以对付过去，然而没有幽默，只有愚蠢的人才能生存。”一个人有了幽默感还要发挥幽默的积极作用，用打趣的方式来化解别人的紧张和压力，往往会得到鼓舞人心的效果。

我们在与人交往的过程中，当看穿了别人的想法但又不便直说时，不妨神色自若地使用一下幽默，相信定能达到我们想要的交流效果。幽默是女人成功社交的捷径，幽默是女人能博得好感、赢得友谊的好方法，尤其是在遇到那些没必要争执或不值得争执的问题时，幽默更能收到很好的效果。

假如你要赴朋友乔迁新居的宴会，主人也许有些紧张，此时正是你运用幽默向他开开玩笑，帮他松弛心情的好机会。你不妨向主人说：“主人邀请我来时，告诉我说：‘你只需用手肘按门铃即可。’我问她为什么非用手肘按，她说：‘你总不至于空手来吧？’”

适当的幽默能帮助女性与他人建立和谐的关系，赢得别人的信任和喜爱。一个女人无论从事什么工作，无论处在何种地位，与人交往是不可避免的。幽默不仅能帮女性更好地与他人进行有效的沟通和交往，还能帮助她们处理一些特殊的人际关系问题，让她们能顺利地摆脱困境。

2009年9月8日晚，作为中国电视剧最高规格的奖项，第27届电视剧“飞天奖”将颁奖场地设在了北京“水立方”国家游泳中心。颁奖典礼上，当优秀导演获得者康洪雷和郑晓龙同时登台领奖时，站在舞台两侧的礼仪小姐，挥舞着绸带，整齐有序地跳入水中，以这种仪式感极强的方式，对获奖者表示祝贺。董卿幽默地说道：“我们看到两位才华横溢的导演走上台的时候，我们的姑娘们都倾倒了，倒在了水池里，以朵朵浪花迎接着你们，看来我们21世纪的男性，同样也有沉鱼落雁的气势。”场下一片笑声和掌声。

一位女钢琴家有一次在美国迈阿密州的福林特城演奏，结果发现到场的观众不到五成，这让她既失望又尴尬。但她并未因此就取消演奏，而是以幽默的语言打破了僵局。女钢琴家微笑着走上舞台，对前来的观众说："我想这个城市的人一定很有钱，因为我看到你们每个人都买了两三张票。"话音一落，大厅里立即充满了笑声。

这位女钢琴家的成功之处就在于她对空座位的解释虽然荒诞，却很奇妙，因此让幽默产生的喜悦压倒了因观众少而产生的沮丧。当原因荒诞时，才会产生心理预期的落差。荒诞一些，幽默意味也就会强一些。

实际上，当交流陷入尴尬的境地时，无论是名人还是普通人，无论是随机应变还是荒诞的推理，一些幽默技巧的运用，可以让自己摆脱尴尬，甚至还会给对方以回敬。这就是幽默的超级效用。一个面带怒容或神情抑郁的女人，永远都不会比一个面带微笑、风趣幽默的女人更受欢迎。

作为女人，我们要学会培养自己的幽默感。

保持自信。真正幽默的人，其实是自信的人，不仅不怕别人嘲笑，而且善于自嘲。

储存丰富的幽默知识。丰富的词汇有助于表达幽默的想法。平时多阅读幽默机智类的小故事，训练思维的敏捷度，丰富自己的词汇量，做到胸有成竹。

快速的应变能力。幽默往往与机智为伍，一个幽默的人必定是有智慧的。不仅要有快速的理解能力，更要能培养出自己的视角，这样才能做到真正的"语不惊人死不休"。

保持积极乐观的心态。幽默与乐观是并驾齐驱的两匹马，只有积极乐观的心态才能孕育出风趣幽默的人。要培养自己的抗挫折能力，做事情不怕失败，即使失败也要看到事情积极的一面，而不是一味地怨天尤人。

女人的风趣幽默如同跳跃的音符，俏皮活泼。做一个风趣的女人，不仅能给自己带来乐观的生活态度，还能够给周围的人带来欢乐，从而让自己的个人魅力也大放异彩。

道歉时，要让别人感受到你的真诚

人非圣贤孰能无过，很多女人在犯错后往往茫然失措，不知该怎么办，不敢承认也不能正视错误，这往往会让错误更严峻。其实，只要勇敢一些，错了就去真诚地道歉，再糟糕的事情也会变得好起来。

英国诗人、剧作家马罗说："永远不要因承认错误而感到羞耻，因为承认错误也可以解释作你今天更聪明。"

在2009年央视春晚上，董卿在相声《五官新说》出场报幕时，将"有请马（季）先生的儿子马东"错说成了"有请马先生的儿子马季"说完以后她当时并未察觉。晚会结束后，董卿就遭到了来自各地的网友和观众的批评，也有网友要求其公开道歉。

董卿后来回忆这件事的时候说："主持节目回家后反省至凌晨，第二天在不安稳中醒来后，眼泪还是不由自主地夺眶而出。"在深深自责与无比懊悔中，她度过了难挨的大年初一。在董卿心中，一丁点儿的错误都是不可原谅的。为了弥补错误，她决定主动道歉。

在中央电视台春晚幕后导演组研讨会上，董卿针对自己的失误，诚恳地向导演郎昆、马季的儿子马东及全国观众道歉。后来，在元宵晚会上董卿依然担当主持人。当马季的儿子马东上场表演时，董卿再一次就春晚上的口误向马东和全国观众道歉。站在董卿旁边的马东感动地说：“为了我们爷儿俩的名字，董卿这个年都没有过好！”此话一出，全场顷刻掌声雷动。这掌声，让一直处在舆论风口浪尖上的董卿承受的巨大精神压力得到了彻底释放。

无论是在生活还是在工作中，我们难免会犯一些错误，这是谁都无法避免的。犯错误不要紧，要紧的是犯错误后的态度和改变。有些女人明明知道自己错了，却还是硬着头皮不认账，甚至还要为自己争辩，致使矛盾得不到解决，彼此的隔阂不能消除。

相反，主动认错不仅能帮自己认识自身不足，还能提升你的人格魅力。而且，自己主动认错比别人提出批评后再认错更能得到别人的谅解。更何况一次错误并不会毁掉你今后的道路，真正会阻碍的，是那不愿承担责任、不愿改正错误的态度。莎士比亚说：“知错就改，是永远不嫌迟的。”

著名主持人黄菡谈到和《非诚勿扰》主持人孟非的合作时，黄菡笑言自己被孟非“打击到了”，“每次我说什么，说完了之后孟非会加一句‘黄老师的意思是……’好像是给我翻译一样。他觉得我的表述特别‘绕’，要再解释一下才能让观众明白。”

虽然孟非的“翻译”有点打击人，但后来黄菡却“欣慰”地发现自己的观点被孟非“翻译”之后确实直白了很多，而且听上去很新颖。因此，在做采访的过程中，黄菡认为有错就改，才能避免让自己出现更多的错误。

我们在和朋友的相处中，难免会发生一些矛盾和摩擦，可是很多女人却碍于“面子”，不肯主动去道歉，以至于误解越来越深。这可能也是女人心灵脆弱的一面，不愿面对自己的错误。古罗马政治家西塞罗说：“每个人都有错，但只有愚者才会执迷不悟。”

其实，一个人有勇气承认自己的错误，不仅可以消除负疚感，也可以获得某种程度的满足感。这不只可以清除罪恶感和自我卫护的气氛，而且有助于解决这个错误所制造的问题。

勇于承认错误和失败也是女人职场生存的法则。作为女性管理者，如果连承认错误的勇气都没有，那么怎么能够让大家有信心跟着她继续开拓市场，要知道，在掩饰错误的时候，那些脆弱的女性管理者错过了真正能够改进的机会。

最简单的方法是干干脆脆地承认错误，从承认错误中获取力量。承认错误后的女人，如果是女领导，下属会因此而尊重你，心悦诚服地听从你的命令；如果是面对自己的朋友，朋友会因为你的坦诚，而变得更加信任你；如果是一位孩子的母亲，孩子会因为母亲的诚实而上了人生中很重要的一课。承认错误能为你赢得更多的信任、尊重和理解。

当你试图掩饰错误时，不妨试着不找借口，大胆承认错误。因为只有承认错误才能真正地解决问题，才能得到内心的解脱。真诚的道歉不仅不会使人觉得你软弱可欺，反而认为你是一个胸襟宽广、有度量的女人。

朴素的语言，具有天然的芬芳

沟通如同呼吸，在我们每个人生活当中都是不可或缺的。拉家常，是人们交流感情、互通信息的一种有效方法。通过拉家常，有利于拉近与朋友或者陌生人之间的距离，可以听到他们心里最真实的想法，帮助我们更深入地了解对方。董卿就是一个善于拉家常、充满亲和力的女人。

成名于主持央视青歌赛的董卿，在主持青歌赛时是一道不可或缺的美“景”。通常情况下青歌赛的演唱环节不会出什么意外，关键是综合素质考问环节，一些选手会因为答不上题而被“晾”在舞台上，虽然只有120秒钟，但这是现场直播，对电视观众来讲每秒都显得那么漫长。

这时，董卿总会和选手站在一起，要么帮选手解围，要么和选手唠唠家长里短。她问得贴心，选手答得自然，评委笑了，观众鼓掌，选手们就在这种轻松愉悦的氛围中“渡过难关”。

一次，来自陕西的原生态唱法选手李光明为观众献上了一曲《上一道道坡坡下一道道梁》，虽然他唱得很投入，但因缺乏技巧以及综合素质没得分等原因，仅获得84.50的较低分，李光明颇为沮丧。这时，董卿和他聊了起来，当她得知小伙子30岁了还没媳妇时，不禁瞪大了眼睛，为这个憨厚的小伙着急起来……这个小插曲让李光明心里暖暖的，笑得很灿烂。

董卿采用的话题主持方式，亲切自然，轻松幽默，能够拉近与观众的距离。她与选手交谈的话题是围绕普通人的衣食住行用展开，说说过去，谈谈今天，没有枯燥的说理，一切都是娓娓道来的拉家常。董卿的亲和自然在这样的节目中发挥得淋漓尽致，同时这也是节目成功不可缺少的因素。

所谓的拉家常，最重要的是“拉”，关键点是“家”，可贵的是“常”。拉来拉去，拉近的是距离，化解的是隔阂，嘘寒问暖，拉出的是让人心暖的亲切。会拉家常的女人往往言语都很热情，言语热情的女人总能在听人谈话时，做出积极的反应，报之以点头、微笑、手势等“反馈”，这样就容易出现心与心的相撞，情与感的交融，使得谈话气氛活跃起来。在拉家常的时候，主要是以对方为话题的中心。我们可以试着多谈谈对方的家乡、工作和孩子等，给人一种熟悉感。

与人拉家常可以营造一种融洽的气氛，从而拉近你与谈话者之间的距离。就比如说新闻采访，被采访对象千差万别，有的很容易调动情绪，有的却很拘谨，这时可以用拉家常的办法来拉近距离。

柴静在采访武汉市杰出进城务工青年徐月英时，她始终是一副面带微笑、客客气气的面孔。作为一家大型饭店的执行经理，徐月英把对客户的应酬也习惯性地用在了采访上。柴静没有单刀直入，而是先和她拉起了家常：

柴：你现在家住哪里？

徐：在汉口范湖。

柴：每天从汉口赶到武昌上班得一个多小时吧？

徐：是啊。

柴：我也是这样，桥上经常堵车，夏季就容易中暑。天天这样也是够辛苦的。

徐：是啊。

柴：听说你还有个孩子，累了一天回去还要照顾孩子。孩子多大?

徐：5岁。

柴：挺可爱吧?

徐：小家伙挺聪明。有天回去累了，小孩说“妈妈，妈妈，你累了，我帮你捶捶背”，说着，一双小手就捶了上来。哎呀，孩子一撒娇什么累啊苦啊都忘了。

母爱是女人的天性。谈起孩子，徐月英的脸部表情松弛了下来，气氛也变得轻松和谐起来。柴静深知一个好的开端很关键，它可以使被采访对象放松紧张拘谨的情绪，使采访能够顺利进行。

柴静的同事曾这样评价她：“柴静就是一个女孩子，一个采访者坐在你前面，很职业地坐在你前面，反而能够让人很放松，能让嘉宾进入角色，不紧张。这恐怕也和她身上天然的亲和力和人情味儿有关。”

无论在工作中还是生活中，同陌生人交谈都是口语交际中的一大难关，处理得好，可以一见如故，相见恨晚；处理得不好，可能会导致四目相对，局促无言。在这个时候，巧妙地与对方唠唠家里的事情是一个很好的办法。与别人拉家常的时候，我们应该带着感情从对方感兴趣的问题入手。既要听对方说，又要讲给对方听你的事情，做到坦诚相待。

交谈沟通中最忌讳无话可说的冷场，当你遇见一个朋友或熟人的时候，对方不善于交谈，那实在是一个相当尴尬的局面。所以，我们要学会“无话找话说”，打开双方交谈的话匣子。如何“找话”还需要一定的技巧。很多时候，聊天对象身份不同，也有不同的聊天方式：

1. 与老人交谈。老年人很喜欢回忆往事，与他们唠家常的时候可以多聊聊他们的过去。一般来说，老年人的社会交际相对来说比较少，活动范围也比较窄，也很想知道家门以外的一些新鲜事。

2. 与中年人聊。中年人往往最喜欢谈论自己的子女家庭、时政新闻、养生之道等。

3. 与年轻人聊。聊他们的感情、娱乐八卦等。

4. 与小孩儿聊。聊他们的学习、兴趣爱好、美食等。

在拉家常的同时，你的亲和力也将感染到周围的人。社交场合中，有亲和力的女人更富有人缘魅力，因为她让人感觉面善，相处起来舒服、自然，所以总能营造出一种和谐的交际意境。同样，也会给别人留下随和的好印象。

第七章

沉淀自己，静待时光来检验

现实有多残酷，女人就该有多坚强

在岁月中跋涉，每个女人都有自己的故事，看淡心境才会秀丽，看开心情才会明媚。如果在乎的没有那么多，想要的没有那么多，生活便会简单很多。不能承受的时候，就接受现实的安排，沉淀困苦，放过自己。现实有多残酷，你就该有多坚强。

《朗读者》第四期，董卿请来的嘉宾有倪萍。很多人都说，58 岁的倪萍和 44 岁的董卿代表着两代人心中的央视花旦的形象：端庄大气、气质温婉。

在与倪萍的交谈中，董卿问哪一届春晚让她印象深刻。倪萍说是 1999 年的春晚，那时候在舞台上的倪萍表面风平浪静，内心却波涛汹涌。因为就在春节前几天，她刚出生 4 个月的儿子虎子被检查出了一种非常罕见的疾病。如果不治疗，他的眼睛就会慢慢看不见，甚至有生命危险。

倪萍说，她天生就是主持人的料，但是给孩子看病，需要一大笔费用。她想到了卖房子，可卖了房子住在哪里呢，于是，她彻底离开了自己热爱的主持人行业，去拍电影，去赚钱。

为了治好儿子，她几乎放弃了一切。她白天跑医院，晚上坐在沙发上一根一根抽烟，哭得自己“都快看不见了”。国内没法治，那就去美国，那几年，家底儿都掏出去了。为了省钱，她一个人抱着孩子去美国，坐经济舱；英文水平突飞猛进，医生说什么她都能听懂；治疗期间，只要国内有工作收入能超过往返飞机票价她就坐十几个小时回来，完了再飞回去……

没有人知道她那段时间经历了什么，只是家附近的菜农再看到她时，忍不住哭了：大姐，你怎么一下子老了这么多？是不是过得不好？

董卿听后，眼中充满了泪水，其中有对倪萍顽强地面对残酷现实的佩服，也有对她的惺惺相惜，面对困难，内心强大的女人都撑了过来。

“当我们为明天穿什么鞋子而烦恼时，却看见一个没有脚的人。”看似无解的挫折，当我们用最积极乐观的态度去面对时，却发现一切并没有想象中的艰难。

所谓坚强，就是心理承受能力强，在遇到各种各样的艰难险阻时，会勇敢面对，会和命运风暴搏斗，会勇于挑战，不沮丧，不放弃，永远不灰心。

凡事往好处想，凡事往前方看，命运给了我们悲哀，这不是我们的错，但是它不能左右我们的人生，一切都会有惊喜，一切都会有转机，相信自己就是自己的奇迹。

美国女作家、诗人威尔科克斯说：“当生活像一首歌那样轻快流畅时，笑颜常开乃易事；而在一切事都不妙时仍能微笑的人，才活得有价值。”没有哪个女人会一直一帆风顺，她总会遇到误解、打击和挫折。聪明的女人会选择坦然面对，以优雅的姿态划过岁月的长河，留下一份淡定和从容，用心底满满的安心与笃定笑看人生。

《朗读者》第六期，请来了乳腺癌患者张家敏。2017年，张家敏已经78岁。在二十三年前她发现自己得了乳腺癌，但她没有因此倒下，而是坚强地与病魔斗争。

张家敏在患乳腺癌第一次手术后，无法面对自己残缺的身体，整整3个小时在浴室里，泪与水同流。除了体肤之痛，她承受更多的是精神与心灵的煎熬。1995年，张家敏公开了自己的家庭电话，为患病的姐妹们提供24小时的倾诉热线。2012年，张家敏与姐妹们成立了粉红丝带志愿服务队，为更多抗癌的姐妹们提供帮助。

每一个生命都不应轻易放弃。张家敏朗读泰戈尔的《生如夏花》送给所有抗击乳腺癌的姐妹们，“我相信自己，生来如同璀璨的夏日之花，不凋不败，妖冶如火”。生命给了张家敏和许多患乳腺癌的姐妹们猝不及防的考验，但她们没有低下头，而是昂着头过灿烂的生活。

女人，你不是弱者。你不是一匹光滑如水的绸缎，等待剪刀的启蒙；你不是一艘狂风骤雨里的独木舟，等待命运的宣判。你不是沙场上悄悄藏在头盔里的一绺青丝，也不是街边宝马车里哭泣的一袭花裙子，更不是黑夜里饥渴的掠食者口中的甘美之肉。你有你的骄傲，你有你的舞蹈，风再大，吹不倒铜墙铁壁的房子，雨再猛，淋不湿那件勇者的衣裳。你的心，同样可以固若金汤，同样可以战胜所有惊涛骇浪。

做一个坚强的女子，勇敢地迎接现实的挑战，正如一朵素雅的山野小花，昂然绽放在风风雨雨中。

有些路，只能一个人走

生活于世，特立独行是难得的洒脱，正如龙应台所说的：“有些事，只能一个人做；有些关，只能一个人过；有些路啊，只能一个人走。”

有一次元旦节目结束已经是凌晨2点钟了，董卿问一起工作的几个同事待会儿去哪里，他们不是有人在家等着他们回家吃团圆饭，就是订好了去国外旅行的机票，只有她自己不知道要做什么。

一个人回家，看了一会儿电视，随便吃了点东西，一直到早上7点才上床睡觉。没有谁陪伴，从头到尾都是一个人，快乐也好，不快乐也好。但是董卿却懂得和孤独共处，她有一颗强大的内心可以应付生活中的各种难题。

孤独是用精神支付的高消费。孤独的女人通常是成熟的女人。她们一般有自己的事业，有宽松的经济，有丰富而难以忘怀的情感经历，但最主要的是有思想和悟性。孤独的滋味很苦，像不放糖的咖啡，却很有味。

孤独与寂寞不同，寂寞可以叫很多人来闹，一闹寂寞就会跑。而孤独是闹不走的，因为孤独就住在心灵深处。孤独者有时与谁都不想联系，除非那是一个可以交心的人。孤独只属于自己，当你细细地品尝它时，你会觉得有一种飘然而又惆怅的美。好多在别人眼里春风得意的女人，大都曾深深地陷入孤独的苦境，一个人走过了很长的路。

世上的孤独有千万种，唯独张爱玲的孤独是深刻的透骨。无论是年少时的孤芳自赏，还是年老时的离群索居，都让人在了解她后深知另一种孤独，唯她独有，唯她才能驾驭这世界上厚重的长存的一种状态，让人不禁心生敬佩之情。

张爱玲的爱情是孤独的、凄清的，不知是她年少时家庭的变故，还是长大后爱情的劫数，让她总在逃离中面对人生，面对世俗，面对孤独与失落。尽管如此，她还是守住了自己一颗孤独的心，体会世间的人情冷暖，世态炎凉。

虽然她的爱情不完美，包括与桑弧的擦肩而过，和赖雅的相依为命，但她是坚强的，是有勇气的，是最终坚持孤独终老的人。

尤其年老时，在美国的她频繁地搬家，不断地逃避世人，甚至连亲人也不知她的踪迹。离群索居的日子，她坚定而淡然地一步步走向日落。

那些邀约好同行的人，一起相伴雨季，走过年华，但有一天终究会在某个渡口离散。红尘陌上，独自行走，绿萝拂过衣襟，青云打湿诺言。山和水可以两两相忘，日与月可以毫无瓜葛。那时候，只有一个人的浮世清欢，一个人的细水长流。

一个人的路上充满了孤寂，充满了不可预测的事故，但我们也应该学会自我安慰、自我保护。珍惜家人的陪伴，感激友人的鼓舞，即使不能一辈子，至少生命中来过，也是最好的牵绊。

作家刘同说：“也许你现在仍然是一个人上班、一个人乘地铁、一个人吃饭、一个人睡觉、一个人发呆。然而你却能一个人上班、一个人乘地铁、一个人吃饭、一个人睡觉、一个人发呆。很多人离开另外一个人，就没有了自己。而你却一个人，度过了所有。你的孤独，虽败犹荣。”每个人都有自己的烦恼，也都经历过孤独，但是我们要学会一个人勇敢地去面对，这才是生命最强盛的姿态。

日本著名漫画家宫崎骏说：“不要轻易去依赖一个人，它会成为你的习惯，当分别来临，你失去的不是某个人，而是你精神的支柱。无论何时何地，都要学会独立行走，它会让你走得更坦然些。”坚强的女人总是能够独立面对生活中的种种困境，她们不抱怨、不妥协、不认输，最终在岁月的沉淀下，成为一名平静、从容的女子。

耐得住寂寞，也经得起大红大紫

董卿说，在她10余年的主持生涯中，她有过多次选择。从浙江电视台到上海东方电视台到东方卫视再到央视，每一次选择既出乎意料又在情理之中。在职业生涯的长跑中，她耐得住寂寞，也经得起大红大紫。

繁华的日子固然美丽，但是，繁华往往是短暂的。当一切归于平静的时候，我们也要全身而退，不抱怨不迟疑，用一颗平淡细腻的心来享受宁静的素朴和真实。

在亿万人瞩目的春晚直播结束后，董卿一个人孤单地走在空旷的大街上，回到家中吃了一碗速冻水饺，那种感觉让她感受到一种辛酸，正如董卿在节目中说的，那是一种“繁华过后的落寞”，“知道了那种繁华是真实的，也知道了那种孤单也是真实的”。

董卿说：“晚会结束回到家之后，多多少少还是会有一种璀璨之后的落寞。因为春晚真的像是烟花一样绚烂。这样一个舞台，这么多的人，这么长的时间，突然就画下句点，总觉得自己还有往前冲的惯性，一下子刹不住车，但其实它已经结束了。这种落差还得靠自己来调整，毕竟现在我父母不在身边，所以多少有一点不知所措。”

白岩松曾经用“化蝶”来给她作评语，白岩松讲了一个细节：和董卿出差归来，她带了好几个装演出服的大箱子。车上，白岩松问：你回哪儿？董卿当时很茫然，那个时候已经将近黄昏，大街上挤满了回家的人。董卿淡淡地说，回办公室吧。那时她租住在央视附近。在亲朋好友眼中，她始终是一个执着与好强的女子。唯白岩松所述的“化蝶”二字能让江湖上所有心怀梦想的打拼女子心生惺惺之情。

耐得住寂寞的女子，她们懂得适时控制自己的情绪，不受外界情绪的干扰和牵引，能够正确处理心中的怨气、愤怒、悲伤等不良情绪。她们在任何时候表现出来的都是从容和淡定，这才体现了女人身上的人格魅力。

如同林徽因的一生，经万千繁华，终将归山花宁静。能经得住生活的考验，不论是安乐或艰苦，她总能将一切看淡泊。

林徽因曾经是“太太客厅”的那个耀眼夺目的女主人，是大家眼中的集万千幸运于一身的“万人迷”，这是她享受的繁华与瞩目。但是，她还能吃得了苦，把贫苦平淡的日子过下去。战争期间，繁华落尽，困居李庄，林徽因亲自提了瓶子上街打油买醋，却仍是一脸淡定从容。

在那东奔西走避难的6年里，林徽因给沈从文的信中写道：“由卢沟桥事变到现在，我们把中国所有的铁路都走了一遍，带着行李、小孩，奉着老母，由天津到长沙，共计上下舟车十六次，进出旅店十二次。”很难想象一个留学归来的大家闺秀，从当初的不会烧开水，居然在后来的日子里亲自上街打油买醋、挑水做饭，甚至是修葺房屋。这时的她与地道的农妇无异，拖着病体照顾一家老小。

她和友人这样说道：“你不能够想象现在的寂寞同你在这里的时候我们在这同一个院子里度过的热闹时光的差距有多大。”的确，一个从繁华生活中走出来的女子，将比常人更能感受到中间落差的落寞。

说到寂寞，常让人联想到清静孤独，没人与你交往，但这仅是对寂寞的一种理解。独自在异乡打拼，在陌生的城市里，没有属于自己的角落，望着来去匆匆的人影，唯独没有关心自己的那个身影；面对着电脑发呆，身边的咖啡已经渐渐发凉，耳机里绵延出悠扬的音乐；生病了，躲在棉被里，觉得自己好冷……这些都是女人的寂寞。

寂寞使空虚的人孤苦，寂寞使浅薄的人浮躁，寂寞使睿智的人深刻。生命的旅程中，谁也不可能摆脱寂寞。一个女人必须耐得住寂寞，因为只有耐得住寂寞方能不寂寞。

寂寞的时候，是我们面对真实自我的时候。即使人声喧嚣，我们也可以关上自己的心窗，给自己营造一片空间，独自感受生命的鲜活。寂寞的分分秒秒更可以和自己做倾心的交谈，细细内省一下自己，静静地抚慰自己、解脱自己。

耐得住寂寞，是一种困境的体验，是我们的人生走向成熟的里程。在命运的行程中，无疑每个人都是独行者，有的人一帆风顺，有的人坎坎坷坷。奇险风景，也是难得的人生体验，这是磨砺，亦是财富。

只有真正体验了寂寞的人，才会更加珍视生活的温馨。因为只有耐得住寂寞，才会拥有一份平淡如水的心境，将纷乱的生活做一番调整，更好地面对每一天，如此人生便具有了超凡脱俗、至善至真的内蕴。正如鲁迅先生所说的那样，“当我沉默时，我感到充实”。

做一个像董卿一样淡然的女子，笑对人生，以宁静淡泊的心态对待生命中的每一个篇章，不以物喜，不以己悲。

让自己的内心丰富起来，你才可以跟这个世界对视

著名作家苏芩说：“女人就得多见世面。旅行、读书，但凡能让内心更丰富的事情，即便强迫自己也要多去尝试。人的狭隘、纠结、怯弱，全都是因为世面见得太少。岁月会把你变成妇女，经历却让你成为富女。我们必须很努力，才会成为自己喜欢的人。”

董卿的知识背景让人刮目相看。从上海戏剧学院电视系节目主持人专业毕业后，她又在上海师范大学读了古典文学专业。从上学到工作，董卿一直没有间断学习英文，在上海她有一个外教，每星期上两次课。如今的她能纯熟地用英文主持节目。

她说：“我第一次看书哭是看《茶花女》；我最喜欢的是《安娜·卡列尼娜》；一直在读的是《红楼梦》，每个阶段看都有不同的观感；我最喜欢的作家是茨威格，他写女人的情感很细腻，我觉得他和欧·亨利有一拼，永远都以出人意料的结局感染读者。”

董卿平时喜欢看一些文艺评论、杂文类的文字，在别人看来枯燥的文字她却读得津津有味。“当你把读书当成一种习惯时，无论什么时候都可以拿出时间。

我坚信‘开卷有益’，再累的时候哪怕翻两页也会有所收获的，看书会让我安静下来。”读书让董卿的内心更丰富，更具知性美。

唯有看过的书，听过的歌，弹过的曲，画过的画能在心里停留一辈子。愿你我皆可如董卿一般，有着精致的内心和诗一样的灵魂。

内心丰富的女人必定是博览群书，她们对书的钟爱，远远超过了其他，这种良好的阅读习惯，让她们收获独立的思想、见解和主张，从而比常人更睿智、豁达，更可以从容地洞察世界。

内心丰富的女人不一定具有天姿国色，却有很深的文化底蕴。她们感性却不张扬，典雅却不孤傲，内敛却不失风趣。她们良好的文化素质、高雅的谈吐、举手投足间散发出的那种涵养，让其自身具有不俗的魅力。

有人说，杨绛先生进入晚年之后，岁月的积淀赋予她既深厚又和婉的智慧光华，像下午四五点钟的阳光，绚丽、柔美、毫不刺目。

杨绛先生从小就被父亲培养成了书痴，只要有时间看书，无论中英文书都爱拿过去啃。有一次父亲问她：“阿季，三天不让你看书，你会怎么样？”她说：“不好过。”“一星期不让你看呢？”她答：“一星期都白活了。”

读书是杨绛先生最大的爱好和渴望，不但丰富了她的内心，也让她打下了深厚的中英文文学功底。

1944年，杨绛先生一边独揽家务辅佐丈夫写作《围城》，一边创作了喜剧《弄真成假》《游戏人间》和悲剧《风絮》。当大剧作家夏衍看到这些剧作时，情不自禁地说：“你们都捧钱锺书，我却要捧杨绛！”

在这期间，杨绛先生还继续研究和翻译外国文学，并且她把当初自学的法文也派上了用场，一口气翻译了47万字的法国小说《吉尔·布拉斯》。她的翻译作品得到了著名美学家朱光潜先生的高度称赞，他激动地说：“我国散文（小说）

翻译，杨绛最好！”

杨绛先生原本翻译英法文学，1959 年接受《堂吉诃德》的翻译任务时，已 48 岁的她毅然开始自学西班牙文，两年后开始翻译。她的译文，字字推敲，流畅从容，宛若天成。

主持人汪涵说：“一定要让自己的内心丰富起来，你才可以跟这个世界对视，然后你可以跟这个世界说再见，而不是被这个世界抛弃。”一个女人的内涵越来越丰富，不一定会让她在外貌上越来越漂亮，却可以令她渐渐看淡“漂亮”这件事。一个女人，只有摆脱了外貌的限制，才能够真正释放出那种内心的淡定和精神上的优美。

王朔《致女儿书》中写道：“你必须只有内心丰富，才能摆脱这些生活表面的相似。”做一个娴静优雅、高贵睿智、温婉可人、富有内涵的知性女人吧，在生活中不断更新自我，增长自己的智慧，提升自己的品位，净化自己的心灵，丰富自己的阅历，积累自己的经验，增强自己的自信，修炼自己的魅力。

赵忠祥说：“董卿是一位很优秀的主持人。董卿主持节目，我对她的评价是 8 个字：端庄、得体、大气、知性。”做一个像董卿一样的女子，知性美丽又温柔，在时光的检验中灵魂愈加散发阵阵的香气。

生活不像你想象的那么好，但也不像你想象的那么糟

董卿说：“生活不会像你想象的那么好，也不会像你想象的那么糟，无论好的还是糟的时候，都需要坚强，人面对脆弱的能力，远远超乎自己的想象。”

正如董卿所言，在我们的一生中，注定会有一些挫折和坎坷，我们不得不去面对。很多女人在遭遇困境的时候总是选择抱怨或者以消极悲观的心态去对待，仿佛自己的世界再无阳光。其实有时候，只要我们稍稍转换一下角度，用乐观的眼光去对待，我们就会发现一切都会“柳暗花明”。

一次在上海直播的一场新年音乐会让董卿印象深刻，站在台上的她，突然毫无预兆地口吃了起来，还把一句话重复了两次。就整场音乐会看来，也不算严重，没人在意。可是，董卿却为这种“低级错误”无法释怀。直播结束，下午两点还要飞去新加坡录制节目，她却毫无情绪，心里很难受。

每年的“全国青年歌手电视大奖赛”，董卿都会每日紧张备战，力求完美，结果还是不慎念错一位选手的成绩。节目结束后，领导说，今后要注意啊。一向严格要求自己的她瞬间崩溃，就在会议现场，当着同事的面，掉下了眼泪。

有一次，董卿和《艺术人生》的制片人王峥聊天，对方关切地问：“为什么

脸色不太好？”董卿强笑：“我最近老失眠。”王峥默然，缓缓说：“我也曾经那样，走过来就好了。”

董卿说：“有时候我脆弱得可能一句话就让我泪流满面，但是更多时候也发现自己咬着牙走了很长一段路，这段路之后，一切豁然开朗。”

我们的一生不可能一帆风顺，逆境本身来说只是一种客观存在，如果我们摆正自己对待逆境的心态，就完全能从中逃离出来。一个真正能够幸福的女人是不会在逆境之中沉沦的。对于那些对逆境心存愤懑、抱怨命运不公平的女人来说，美好的命运也不会眷顾她。

学会笑对逆境和坎坷，无论生活多糟糕，感谢我们还有继续体验生活的机会；无论生活多么不堪，始终不要慌乱手脚，保持着随遇而安的镇静。

普希金曾说过：“假如生活欺骗了你，不要悲伤，不要心急，忧郁的日子里需要镇静。”面对糟糕的生活，你脸上那份淡然的微笑，就是一股无言的镇静。生活不给你微笑，你就笑给它看，总有一天，你会守得云开见月明。

冰心有句名言：“生命从八十岁开始。”八十岁对一个长寿者而言，也是迟暮之年了。

当有人问起她长寿秘诀时，她曾这样说：“对我来说，保持健康的方法，不是讲营养，吃补药，而是一句话：在微笑中写作，心情舒畅，这可以说是我的长寿维生素。”

1958年4月，当听到与她朝夕相处的老伴被错划为右派时，她仍能极其平静地给予开导。“文革”时，她一家八口人被分送到了八个地方，住在“牛棚”中，她泰然处之。最后，她在文章中平静地写道：“它也就是我们的晚年，在精神和物质方面，都没有感到丝毫的不足。”这种平和待人处世的态度及随遇而安的境界，让人敬慕。

巴金先生曾经给冰心的一段题词说：“冰心大姊的存在就是一种巨大的力量。她是一盏明灯，照亮我前面的道路。”

每个人的生活都藏匿着一塌糊涂的糟糕。比如，拥挤的路况，似乎从来不曾好转，上下班的那条路永远那么堵。再比如，房价跟物价涨得飞快，工资却停滞不前。偌大的城市，似乎永远缺少自己落脚的一平方米。你看，生活本身就自带了诸如此类的糟糕和不堪。更别提，每个人自身经历中，那些糟糕得让你觉得透不过气来的情节。

然而，就像王尔德说的那样，“我们都生活在阴沟里，但依然有人仰望星空”。面对不为人知的糟糕，有的人始终面带微笑，她们笑着面对过去，笑着接纳痛苦和磨炼，始终昂起头仰望未来和美好，最终在岁月的缱绻中成为一名温柔的女子。

经常微笑面对生活，是一个女人从容的表现，也是一种生存智慧，我们只要掌握了这种智慧，幸福必然会伴随左右。岁月虽然带走了容颜，但绝不能让它带走女人的自信。从容的女人懂得闲情时候给自己煮杯花茶或者做些茶点，放一段柔情音乐，翻阅几页好书，然后睡个懒觉。

雨果说：“笑，就是阳光，它能消除人们脸上的冬色。”对生活笑吧，这样，我们才能察觉它的美。

接纳自我，你才能做更好的自己

每一位女性都会有自己的小缺陷，或许你会常常对着镜子懊丧自己不够漂亮，会惋惜自己的声音不够甜美，会烦恼自己的身材不是那么修长……

你敬慕那些在舞台上光鲜亮丽的人，她们看起来似乎是那么完美，没有一丁点的缺陷。但每个女性都会有烦恼，有自己的不完美，甚至是那些被人敬慕的完美的女性也会有。没有人是真正完美的，可是优异的人一定是接受了自己的不完美。

董卿一直都是追求完美的人，但是这“完美”往往是以疲惫与枯燥为代价的。比如，她常常失眠，因为她习惯不断地“反省自己、审视自己、调整自己”：今天这样做是不是合适？是不是不礼貌？或是掺了自己最讨厌的虚荣……

原来的董卿甚至不原谅自己的错误。她说：“我觉得如果哪儿做不好，就得自己坐着反省半天，就差没给自己写检查了。可是现在却好多了，现在可能要学会包容，知道完美是可以追求的，不完美也是要包容的，这个是现在我慢慢在学的。”

完美是许多女人的最高理想，然而，完美本身就不是一个完美的口号。我们必须要明白：要求别人完美是不公平的，要求自己完美是自我的愚蠢行为。过度地严格要求自己达到完美的境界，不但会影响到自己的发展，让自己过于疲劳，也会让周围的人倍感压力，而且也是在拿自己一生的幸福开玩笑。

在《季羡林谈人生》一书中，有一篇文章叫“不完满才是人生”。季老先生在文章中说：每个人都争一个完满的人生。然而，自古及今，海内海外，一个百分之百完满的人生是没有的，不完满才是人生。

没有人可以做到真正的完美，每个女人都会有缺陷，但我们要接受不完美的自己。在孤独的时候，给自己安慰；在寂寞的时候，给自己温暖。学会独立，告别依赖，对软弱的自己说再见。生活不是只有温暖，人生的路不会永远平坦，但只要我们对自己有信心，知道自己的价值，懂得珍惜自己，世界的一切不完美，我们都可以坦然面对。

在《朗读者》中，董卿请来了央视前主持人倪萍。当董卿搀扶着有些老态龙钟、曾经红极一时的倪萍同登舞台时，两代“央视一姐”之间的惺惺相惜之情溢于言表。

不到60岁的倪萍显然老得急促了点，早已身材臃肿、容貌变形，像大妈或奶奶。毕竟曾经也是美女，别人都在替她惋惜，和她私下里比较熟的朋友甚至喊话让她去整容。倪萍却如是说，我也想瘦下来，也想变得美一点，折腾过，但是，效果不佳。那就不妨坦然接受自己现在最真实的样子吧，所以，她总是拿自己的老与丑来自嘲，上台第一句话就是，“倪大妈又来了”，逗乐了观众。大家又纷纷被倪萍的真实圈粉。

我们每个人都是不同的，都有自己的特点，也完全没有必要跟随大众审美，长得让别人满意。做真实的自己最好，如果把自己搞得和别人一样，不但撞衫、撞行为，还撞脸，那我们自己又去哪里了呢?

很多女人，并不是不美，而是缺乏自信。被人一打击就失去了信心，导致盲从，最终迷失了自己。如你不在意别人对自己外貌的指责，甚至给予漂亮的反击，没有人能再对你指手画脚。

意大利著名影星索菲亚·罗兰是一位有名的美人，可是在刚入行时却被指责不够漂亮，说她鼻子太长、臀部太大。导演建议她微整一下，可是罗兰却说：“虽然我长得不完美，但是这些不完美加起来才是我，才是与众不同的我。”接受自己本来的面目，你才是独特的自己。

世界上没有十全十美的东西，也没有十全十美的人。缺陷有时候也是一种美，在实际生活中，那些有“缺陷”而绝对不属于十全十美的女人，反而更具有内在的魅力和吸引力。像那断了臂的维纳斯，如果是完美的，就没有那么多的人驻足欣赏了。

只有在不完美中，女人才能找到自己人生的定位。不完美是“昨夜西风凋碧树”的清醒，而完美往往是“高处不胜寒”的迷惘。杨绛曾说，她愿有一件凡间的隐形衣，而这隐形衣就是身处卑微。权力、财富上的不完美，使一个人隔绝于世，更能清楚地找到自己人生的定位，认清世间百态。

我们在追求幸福生活的过程中，必须要解除存留在心中的完美主义武装，砸碎自己套在自己身上的枷锁，不要将自己的弦绷得太紧，试着做一个适度的妥协主义者，放慢自己的脚步，去寻找一些休闲生活的愉悦。你可以听听音乐、练练瑜伽，或者做做SPA、晒晒太阳，轻松愉悦地感受生活的幸福和美好。

当生活缺少温情时，用左手温暖右手

当困难来临的时候，请你举起你的左手，左手代表着新方向，让你不会向困难低头；当遇见挫折的时候，请你举起你的右手，右手代表着有希望，让你不会为挫败担忧……当生活缺少温情时，请用你的左手温暖右手，让勇气和力量陪伴在你左右。

有人说，现代女性想获得更高的幸福感，要有很高的EQ、IQ，某些情况下还要有一点阿Q的精神。生活中偶尔带一点小小的阿Q精神，就能从很多事情里发现积极快乐的意义。

董卿还记得来北京后第一次被人认出后的心态，“有一次我去超市买东西，有个营业员大姐好像认识我，她看过我主持的《魅力12》，但想了半天却没叫出我的名字。当时我不晓得是难过还是高兴，索性自我安慰——好歹北京观众开始认识我了！人有时候需要阿Q一点，否则没有办法生存下去”。

阿Q精神的实质是妥协，是放弃，但其妥协放弃的前提是因为对自己有一个正确的认识和评价，于是也就消除了不必要的烦恼，学会了自我减压，消灭了心理上的压力，起到了保持心理平衡的积极作用。

一直以来，人们对于阿Q精神的认识和态度有些褒贬不一，正如一杯水，对处于同样状态下的两个人来说，由于观念不同，看法也就不一样。例如，同样是面对一杯水，一个人认为我这么渴，只有一杯水有什么用，不是杯水车薪吗？而另一个人则认为，终于有一杯水了，我一定要珍惜这杯水，让它发挥最大的效力。仁者见仁、智者见智。但不管怎样，在当今这个节奏快、压力较大的社会，对于阿Q精神，我们应该有一种新的诠释，把它变为一种积极而有益的东西，因此，不妨把它视为一种维持心理平衡的方式，那么，将对我们的心理健康起到一定的抚慰作用。

史密斯太太在生完小孩后胖了近20斤，有一天她听丈夫说骑马对减肥有效，于是她就报了一个骑马的训练班，她为了自己能够瘦下来，每天按时按点地到达训练班，教练都记住了她，夸她是最能坚持的一个学员。

没想到3个月过后，她却一斤没瘦，结果马瘦了10斤。她把这个尴尬的结果讲给丈夫听，丈夫哈哈大笑。不料史密斯太太却说："中国有句古话说'美人上马马不知'，如今我骑上去却是'肥婆上马马不支'。虽然没有瘦，我却学会了骑马。"

她的自我安慰法简直令她的丈夫佩服极了。

阿Q精神在当今现实中其实并不是一无是处，在某些方面还有其合理性和积极的意义。人有时候需要一点自我安慰和自我解脱。世界其实并不是我们想象的那样公平，在这种情况下，什么事情都较真，去计较，活得太辛苦、太累。

有时忘却烦恼，"退一步海阔天空""难得糊涂""知足常乐"，这些都可以排解抑郁，减轻压力，保持平衡，增添快乐，从这个意义上说，阿Q精神确实是一种精神疗法，是一种安慰剂、减压药。

漫漫人生路，有谁能说自己是一路鲜花，一路阳光走过来的？又有谁能够放言自己以后不会再遭到挫折和打击？面对这样和那样的不如意，总是一味地沉溺于愁苦中只会让自己伤痕累累，疲倦不已。

我们不妨试着阿Q一点，不是逃避现实、自欺欺人，也不是懦弱无能、畏缩不前，而是理智地对待已经发生的事情，给自己一个心理空间，放松调整、自我统合，进而集中精力，轻装上阵。这种自我安慰的方法，有利于我们排解消沉低迷的意志，缓释紧张焦虑的情绪，平息怒气、怨气，使心态变得平和而美好。

比如，当你好不容易有了一座房子，却看见人家已经住别墅了，出入有豪车相伴，此时你可以想还有很多人没有房子，一些人甚至还流落在街头，心里就会得到安慰，也就觉得生活不是那么没有希望……

再比如考试落榜了，你得安慰自己：上帝在给自己关上一扇门的同时，或许又为你打开了一扇窗。不读大学照样可以有出息，你可能会在另一方面收获更灿烂的人生。没有人规定通往成功的道路只有一条……

当一件事情注定要发生时，靠苦闷是解决不了问题的，因此我们必须考虑自己今后的打算，而不是去消极抵抗，一切都可以从头再来，一切都为时不晚。带着这些阿Q式的想法，我们会发现生活其实还是很美好的。

总之，我们要懂得用阿Q精神适时地排解自己的苦闷。无论生活是甜蜜还是苦涩，珍惜自己，过最快乐的生活。

安静平和，才能活得繁花似锦

“命运不会亏待任何一个人，不管顺境、逆境都要保持一颗平常心，正确地把握自己，审视自己。”董卿始终铭记父母的嘱咐，在面对生活中的跌宕起伏时，她始终表现得那么平静与谦和。

对于历届春晚，观众的看法良莠不齐。有时候，观众不满意，春晚的节目和演员就会遭到吐槽，甚至连主持人也不能幸免。在2014年的春晚上，有些观众发现YIF表演的魔术有些穿帮，于是在网上纷纷吐槽，甚至还有些观众吐槽道，魔术穿帮是因为没有搭档董卿。

针对观众的吐槽，董卿说：“春晚的开放性和包容性越来越强，很多观众嘴上吐槽，却有着一颗爱你的心，这是另一种互动和参与，对于积极的建言我们不能阻挠和惧怕，而应该葆有欢迎的、不排斥的、平和的心态。”

拥有一颗安静平和的心，女人才能坦然自若，不为外物侵扰、不为欲望熏心、不为生活压抑，才能摆正心态，从容淡定面对人生的种种，不错过任何能够给予快乐幸福的瞬间。

春看百花秋赏月，夏沐凉风冬听雪，寄情于山水，眼中看风景，心中便会有诗意，情趣也会更高雅，心灵自然更美丽。林青霞说：“人如果追求表面的美丽，你只会对自己越来越失去信心！若追求内心的平和与安静，就会越来越觉得充实！”安静，是回归内心的一份内敛，是一种艺术的美。安静的女人是水中的白莲，带有清风自来的美。

杨绛先生在《一百岁感言》中写道：“我今年一百岁，已经走到了人生的边缘，我无法确知自己还能走多远，寿命是不由自主的，但我很清楚我快‘回家’了。我得洗净这一百年沾染的污秽回家。我没有‘登泰山而小天下’之感，只在自己的小天地里过平静的生活。细想至此，我心静如水，我该平和地迎接每一天，准备回家。”

“我和谁都不争，和谁争我都不屑。简朴的生活、高贵的灵魂是人生的至高境界。”杨绛先生活得如此的透彻、通达。她隐于世事喧哗之外专心治学的一生，如同她的文章一样娓娓道来，宁静悠远。或许正是心境的淡泊宁静，造就了杨绛先生生命力的悠远绵长。

一位百岁老人把自己的一生感悟娓娓道来，“一个人经过不同程度的锻炼，就获得不同程度的修养、不同程度的效益。好比香料，捣得愈碎，磨得愈细，香得愈浓烈。我们曾如此渴望命运的波澜，到最后才发现：人生最曼妙的风景，竟是内心的淡定与从容……我们曾如此期盼外界的认可，到最后才知道：世界是自己的，与他人毫无关系”。

我们似乎都非常容易因为物质利益的牵扯，而让自己苦恼、愤怒甚至爱发脾气。如果常常被这样的情绪所牵动，久久摆脱不了这种感觉，那么我们心灵的创伤就将永远被延续，搅乱我们原本平静的生活。

内心平和的女子有一颗知足心，就像《论语》里的颜回“一箪食，一瓢饮，在陋巷，人不堪其忧，回也不改其乐”。欲望少一点，幸福就会多一点。内心平静的女子懂得世界上有许多美好的东西，同时也存在着许多不完美，所以她们很少疾恶如仇、愤世嫉俗。她们始终恬淡安静，笑看花开花落，云卷云舒。

林徽因说：“真正的平静不是避开车马喧嚣，而是在内心修篱种菊。”女人只有活到通透，才会把自己看得真切。

通透，就是隔着前尘，把后世看到岑渺；就是隔着喧嚣，把自我沉到阒寂。就是按下妄念，心无所执，就是明白什么叫非分和僭越，而从此不越雷池一步。

通透，就是自己把自己打通了，就是自己把自己说透了。赏一番春花，看几弯瘦月，一切得失与荣辱，来则安静，去则泰然。春花繁盛终易逝，瘦月亏久满复来，知道该来的终会来，该走的必将走，留也留不住。

知深浅，方可无悲喜。物我两忘，才能冷暖自度。通透的人，未必活得繁花似锦，但一定过得安静平和。人生活到最后会发现，其实，安静平和，才是真正的繁花似锦。

没有遗憾的过去，就无法链接美好未来

过去的已经过去，不要为打翻的牛奶而哭泣！没有遗憾的过去，哪来美好的未来？泰戈尔在《飞鸟集》中写道："只管走过去，不要逗留着去采了花朵来保存，因为一路上，花朵会继续开放的。"

谁都经历过挫折和失败，董卿也不例外。她曾经在春晚上、其他节目中都出现过失误，对于她这么追求完美的人来说，失误简直是不能忍受，对她是一个非常大的打击。董卿曾整宿整宿地为自己的失误而伤心自责，但是她并没有就此颓废，沉浸在过去的失误中无法自拔，而是勇敢地改正错误。

她也曾说，没有过去的挫折，怎能成就现在的美好？董卿始终怀着一颗积极向上的心面对生活中的所有挑战，把每一次失败当作人生对自己的历练，让自己变得越来越勇敢，也就不用害怕未来可能会面临的各种磨难。

有时候，我们会为那些早已落幕的繁华哀伤，为那些逝去的遗憾感慨，为那些没能实现的愿望不能释怀，心会深深地沉浸在昨日的回忆里。可是，我们都忘了，那些错失的美丽，那些散落的繁华，早已成为了过去。无论我们如何嗟叹，也终

是回不到当初。

人生的旅途中，我们终不能把所有的风景都尽收眼底，不能让所有的人都在生命中永远地驻留。生活，让我们学会了含着泪水边走边忘。曾经再美，也会在时光中风干成回忆，学会放弃，学会遗忘，让心像向日葵一样依着阳光生长，相信，心若向阳，年华静好，岁月无恙。

坦然地过好自己现在的生活，不埋怨谁，不嘲笑谁，也不羡慕谁。阳光下灿烂，风雨中奔跑，做自己的梦，走自己的路。用心甘情愿的态度，过随遇而安的生活。遗憾，随风散去，美好，留在心底，给心灵一抹阳光，温暖安放，无畏悲伤。

也许在很多人的脑海中，“诗词歌赋”是文人才能“把玩”的专利，怎么都不能将其和面朝黄土背朝天的农民联系起来。但是，在诗词大会上，一位来自河北邢台一个小村庄的农村大姐白茹云却用行动打破了人们的刻板印象。

白茹云，40岁，河北邢台一名地地道道的农家妇女，6年前患了淋巴癌，为了省24块钱的路费，经常自己一个人周转5小时到石家庄的医院治病化疗，她的鼻子、眼睛、耳朵、嗓子都出了问题，耳朵听不清，眼睛老流泪，声带发音也不好。

虽然白茹云被疾病缠身，但是生活的磨难并没有消除她对诗词的热爱，她反而更喜欢诗词，因为她能从诗词中体会到人生的喜怒哀乐，认识到人生应该有意义地度过，而不是悲观相待。

如今的白茹云更加乐观、豁达，她说：“每个人都要经历一些波折的，这都不算什么。”她对生活的向上态度令我们每个人为之敬佩。

如果说女人是漂亮的鲜花，而乐观则是水，让女人更加鲜艳、滋润、舒展，使女人变得多姿多彩、富于生机，更会使女人拥有阳光般的心态、积极的生活态度和健康的心理。

稻盛和夫曾说过这样一句话："人生的道路都是由心来描绘的。所以，无论自己处于多么严酷的境遇之中，心头都不应为悲观的思想所萦绕。"

做一个心中向阳的女人，学会简单地生活。你真正需要的其实不多，多出来的任何一样东西对别人都有用，将它送出去，或是捐出去义卖，让真正需要的人善用，习惯了简单生活之后，生命自然不再累赘。

做一个心中向阳的女人，活出热情。支离破碎的灵魂得到的往往是乏味的成功。对生活的兴趣应高于购物，用最少的时间工作，将大部分的时间给自己感兴趣的事情，做你爱做的事，说你想说的话，学习享受生活，享受你做的任何事情。

做一个心中向阳的女人，多为别人想一想。爱有多深，包容与体谅就有多深，敢爱的人才敢去包容和体谅她所爱的人。善于体谅别人，多给对方时间与空间，做个有智慧与爱心的女人。

做一个心中向阳的女人，让快乐贴身相随。快乐的女人会微笑或哼唱，甚至在没人的地方舞上一段。有快乐的想法，你就会飞起来。专注地想快乐的事，让自己产生向上飞跃的力量。日积月累，快乐会变成一种习惯。

心情不好时，告诉自己，没有过不去的坎，没有走不通的路，更没有永远的黑暗。认准自己的方向，不烦不忧，随遇而安，随心而静，心若向阳，生活才能灿烂！

与压力共舞，收拾好心情继续赶路

谈到压力，很多女人都有一种畏惧的心理，其实压力也有好坏之分。好的压力可以使人振奋，可以使肾上腺激素快速上升，给你积极的力量，让你处于一种应急状态，从而高效率地完成任务。适度的压力是可以较好地促进你的免疫系统运行，保持一种健康的活力状态。

面对各种压力，董卿笑着说："每次放弃都很痛苦，但是我更热爱未知的挑战。小时候看《生命中不能承受之轻》，不懂，现在才明白，没有压力没有牵挂，轻飘飘地活着，将会多么痛苦！我喜欢这种压力之后的完美释放，即使精力达到极限。"

每个人都离不开压力，躲不掉，也逃不走。面对压力，有人逃避，有人哭泣，有人硬扛，有人与压力共舞。而最好的办法就是学会正视它，勇敢面对它。

我们不要把压力当作阻力，如果没有压力，人就会变得慵懒，失去自己生存的本能，慢慢地沉沦。休谟说："顺境使精力闲散无用，使我们感觉不到自己的力量，但是障碍却唤醒这种力量而加以运用。"

有人说，一个人能承受多大的荣誉，就应该能承受多大的压力。这句话在林徽因身上得到了很好的验证。

林徽因的父亲突然去世，还是少女的她失去了精神支柱和经济来源，她真切地感受到了立足社会的压力，却仍然坚强地在异国他乡求学。尚小的她，骨子里有着常人无法想象的淡定与坚强。

梁从诫在给陈从周的信中说："徐志摩遇难后，舆论对林徽因有着不小的压力。"外界都知道徐志摩为她痴情一辈子，当初为了她与张幼仪离婚，她已经饱受非议，而徐志摩因为去听她的学术报告而不幸罹难，更是把林徽因推向了风口浪尖。林徽因没有为自己辩解，而是主动让丈夫帮徐志摩家人料理后事，并且将捡来的一块飞机残骸挂在自己卧室的墙上，以此来悼念昔日的友人。

当她病重的时候，朋友邀请她去国外治疗，却被她谢绝了。李建吾在抗战期间，听闻林徽因虽身患重病却不愿意离开祖国时，激动地说，她是林长民的长女、梁启超的儿媳。其后，美国聘请他们夫妇去讲学，他们拒绝了，理由是应该留在祖国吃苦。

无论是生活上的磨难、别人的非议，还是肉体上的煎熬，这些压力都没有使林徽因屈服，她始终淡定从容地面对，化其于无形。

压力是我们日常生活中不可避免的、十分重要的成分。对现代女人来说，压力就像一日三餐一样寻常，带来的却不是舒心，而是焦虑，甚至抑郁。没有三餐的日子是不现实的，但是我们可以选择换一种方式与它相处，像烹调食物一样，将压力变成朋友。

聪明的女人懂得如何从焦虑中发现一些积极的东西，从而勇敢地变压力为动力。如果你不能很好地对待压力，压力不仅会给你的感情和工作带来影响，还有可能导致生理的紊乱；相反，如果你能恰当地应对压力，那么你的思想和精神甚至未来，都会为之转变。

没有压力就没有动力，作为在这瞬息万变的世界里求生存的女人，只有勇于挑战自己，积极面对，用女性所特有的坚韧和勇气，才能创造属于自己更加辉煌的未来。

现代女性面对着很多无形的压力，比起工作压力，更让她们难以忍受的是生活、邻里、感情、家庭的压力。这些压力如影随形，比工作上的压力持续的时间更长、更难以摆脱。

缓解压力有很多方法。

我们可以做一件久想而未做的事。我们的心里曾经有过多少小小的愿望，曾经制定过多少目标，抓紧这段时间实现它们吧！看场电影，泡个温泉，去外地旅游，哪怕奢侈一点也无妨。尽情享受将梦想逐步实现的快乐，等你回来的时候，就会发现有些事情完全可以放下。

清理掉家中长期闲置不用的物品，如旧衣服、旧杂志等。这如同清理掉心中的那些压力元素，有意想不到的减压功效。无论是调整家具的位置，还是更换壁纸、沙发，甚至只是换一幅全新的窗帘，都能让你感觉全身心的放松。心理专家说，这是因为家是女人心中的最终依靠，所以焕然一新的家具能帮助女人缓解压力。

集中精力，一次只做一件事。这不仅能够减压，而且比一堆事情一起做效率更高。

让自己充实忙碌起来，一个人的精力是有限的，你如果在家庭、爱好上投入较多，那这一段时间就让自己多投入工作吧。也许在工作、学习中你能得到新的收获，得到不一样的心情呢！

在纷繁的尘世里，捕捉细微的幸福

每个女人都渴望拥有幸福的生活，可是幸福到底是什么样子并没有什么衡量标准。其实幸福就是一种心境、一种感悟、一种心态。女人为了追求幸福往往忽略了身边细微的美丽，如果用心体会你身边细微的美丽，汇集多了感受多了，就是每个女人都想拥有的幸福。

在人们眼中董卿无疑是风光无限的，她拥有着让普通人遥不可及的幸福。其实，退去头上那耀眼的光环，董卿更偏爱日常生活中点点滴滴的细微美丽。她曾这样描绘平凡的幸福：

读读喜欢的《三联生活周刊》和《书屋》，谈一场温暖没有伤害的恋爱，撒一粒种子种一盆花。或者，把心爱的碟翻出来，《放牛班的春天》《红白蓝》《天堂电影院》。有时候，她会宅在屋里看长达24小时的碟，她会为剧中的人物故事而触动，一个人笑，一个人哭，实在累了，沉沉睡去。第二天清早，拉开窗帘，阳光照在她的身上，她觉得这就是幸福。

哈佛大学校长福斯特曾表示，她被无数同学在不同场合最经常问到的一个问题是：为什么哈佛的毕业生中，有那么多人会投身到金融、咨询和电子银行领域中去？答案显然和钱有关——“高额的薪水，和朋友工作、生活的乐趣，享受人生的稳定和踏实感，使大家奋不顾身地投入那些领域。”

总有一些人觉得拥有物质上的充裕才是真正的幸福。譬如，很多人向往名人的生活。名人大多要么拥有着令人羡慕的外表，要么享受事业的巨大成功，要么凭借超乎常人的才艺获得万众瞩目，就好像所有好的东西都被名人拥有了。

其实，在他们光鲜外表的背后，却也总是承载着我们普通人无法感受的无奈与艰辛。有时候，那些心灵里充沛而丰盈的情感，那些世俗生活中琐碎而平凡的幸福，大都和金钱、名望无关。

多少的良辰美景、平凡瞬间，若不用心体味，便会无声地从指缝间溜走。试着像董卿一样，学会享受这平静和恬然的幸福。你便会发现，幸福是能够看得见、摸得着、享受到的实实在在的客观存在。

记得张小娴曾写过：“我们有所爱的人，有爱我们的人，有父母的爱，兄弟姐妹、朋友和情人的爱，这是多么难能可贵？有健康的身体，可以做自己喜欢的事，吃自己喜欢吃的东西，这是多么的幸福！”虽然这些细微的幸福在平常的生活中是显而易见的，却没有多少人能够发现它们，体会到幸福就在身边。

芳菲是一名电台节目主持人，每天工作都很辛苦，但她说：“每次工作回家，一个人拖着长长的身影回家，看到从窗户透出的光亮，知道是妈妈为我留的灯，那一刻疲惫倦意全部烟消云散，只觉得自己被家的温暖层层包裹，那盏散发着微弱光芒的灯，却能穿过我心里的层层阴霾，成为我的小确幸。”

芳菲在家的时候也会与家人置气，任性起来一个人在房间里，恨不得与整个世界隔离，然而，她所有的倔强都坚持不过一顿饭的时间，每每闻到桌子上饭菜的阵阵飘香，肚子里馋虫就引她舰着脸涎着口水，坐在餐桌旁认真吃饭，她说：“那时候感觉真幸福。”

一位画家曾经说过："当你在仰望和羡慕别人的幸福时，却不知道自己的幸福正在被别人仰望和羡慕着。"其实，幸福会善待每一位有感知的人，只要你善于发现，细心寻找，幸福会无处不在。

在清晨醒来的时候，耳边是鸟鸣的清脆；下午行走在阳光普照的路上，一路有花香，抬头，望见树上的枝叶摇曳，是幸福。

和同事们相互鼓励、通力合作，认真圆满地完成工作，努力工作后听到肯定的话语，是幸福。

看到报纸上刊登了自己熬夜写出的稿子，听到编辑那一句"辛苦你了"时微微的感动，是幸福。

每天忙碌后和远在老家的父母通电话，嘘寒问暖，即使长大了还可以跟他们像孩子般撒娇，是幸福。

和闺蜜相约逛街，满载而归，找一个安静的地方坐下，整个晚上听着柔和的钢琴声，聊着心里话，是幸福。

饭后和先生手牵手散步，抬头看圆圆的月亮，不时有飞机划过夜空如同流星；晚归时家人给留着一盏明灯，进门时递过来一杯温水，是幸福。

在忙碌的午后，收到一张来自远方写满祝福的明信片，是幸福。

累了倦了的时候，一个转身的距离，便有一个拥抱，即使努力了失败了，还能期待下一次的成功，是幸福。

和还在孕育中的宝宝说悄悄话，先生把耳朵贴近，安静地聆听宝宝心跳的声音……是幸福。

幸福，属于过去，属于现在，也属于未来，它渗透在生活的细微之处，它简简单单，却要我们用心去感受。

第八章

端庄得体，优雅诠释无言的脱俗

做自己的穿衣教主——你穿的每一件衣服都是有灵魂的

央视著名化妆师徐晶说，董卿是一个任何场合都不会穿错衣服的人。她追求简洁大方，一方面是个人的审美能力，董卿喜欢看电影，对色彩和构图都非常注意；另一方面是她苛求完美，有时候会为了一身衣服、一件佩饰跑遍半个城。

董卿在《中国诗词大会》《朗读者》上的表现，来源于对学习的执着，对诗书的喜爱，但她更懂得如何通过着装来表达自己的内在修养，也知道自己适合什么样的服饰。

在《中国诗词大会》《朗读者》上，董卿大多数以西装衬衫展示，职场中的我们如果不知道如何穿衣，也可以以不同颜色、款式的西装作为自己的装备。

诗词大会第一场，鲜艳的玫红色西装，衬托出董卿的白皙、明媚。但是这种颜色的西装，皮肤不够白的人还是尽量不要去触碰。诗词大会第九场，董卿穿着黑色青果领西装外套搭配高领毛衣，再加上精致的别针，既时尚又正式，更重要的是青果领型让她看起来更加温柔。

基础款的纯色衬衫、荷叶领的印花衬衫非常符合诗词大会的氛围，而且这种衬衫把董卿衬托得更具亲和力，更有知性美。

在朗读者第二场，当董卿以一身白色的衬衫搭配阔腿裤出场的那一刻，脸上带着浅浅的笑意，惊艳了全场。所谓的人衣合一，大抵就是这样吧！

女人穿的每一件衣服都是有灵魂的，它不仅替我们说出了想说的话，还给了我们勇气与力量，去面对生活中的每一个挑战与困难。我们精挑细选的每一件衣服不仅是完美的躯壳，更重要的是富有足够打动人心的时尚灵魂。我们穿上这个灵魂，可以和世界对话。

我们总会给每一件衣服定位，这个是什么场合穿的，那个是什么时间穿的，而这个定位又是衣服的灵魂在潜意识里告诉我们的。只有衣服的灵魂足够精彩，我们才可以大大方方地表达“这就是我要的风格”。

华裔女孩陈怡桦（Eva Chen）是由安娜·温图尔（Anna Wintour）钦点的《Lucky》杂志主编，也是第一位及唯一一位华裔女主编。身为“穿衣女王”的她在时尚圈大放异彩。

都说黄皮肤的姑娘与蓝色特别合，Eva 就是把蓝色穿得出神入化的那位。她的经典 outfit 中不少都与蓝色有关。清新淡蓝到静谧藏蓝都值得黄皮肤的姑娘尝试，在蓝色的映衬下，让人散发出耀眼的光泽。Eva 在街拍时通常会选择蓝色的衣服。

墨绿色也是 Eva 热衷的色彩，当然墨绿色对品位选款的要求不低，与有质感的面料搭配才能凸显高级感，适合在一些大型的活动场合。而万能的黑白搭配能让五官细致、立体感不足的姑娘穿出气场，黑白分明的搭配非常容易学习，也非常适合职场女性。

Eva 不仅在平时的工作和生活中非常会穿衣，就连怀孕期间 Eva 的搭配也非常时尚、有气质。当她身着印花连衣裙走在路上，提高腰线的连衣裙不仅把她显得个子很高，完全没有孕期的臃肿，而且爱笑的她还把印花连衣裙穿出了“阳光开朗”的味道。

有人说：“女人的衣橱决定她的品位。”一个会穿衣服的女人当然会有一个完美的衣橱了。这个衣橱决定着女人的生活品质。这里的品质与金钱无关，与名牌无关，这个品质是生活的一种形态。

女人的衣橱，首先能体现一个女人的生活态度。善于整理衣橱的女人也善于整理自己的生活。我们在看美剧的时候会发现，但凡那些精明能干的女人，无论要出席什么样的场合，总能在最短的时间找到最合适的衣服。因为她们的衣服永远都是分门别类整齐地摆放在衣橱里，宴会装、会议装、休闲装、约会装，她们打开衣橱就能明确方向。

女人的衣橱，也能体现一个女人的生活作风。有的女人，她们的衣橱里只会装适合她们的衣服。如果她们的身材不是很好，就只买显瘦的衣服。她们不会刻意地去追逐当季的时尚。比如说，今年流行驼色的衣服，但这会让她们显得很胖，她们就绝不会为自己的衣橱增添一件驼色的大衣。这种女人，懂得取舍，懂得拒绝。她们永远只选择适合自己的。

女人的衣橱，还能体现一个女人生活上的追求。很多女人，到了一定的年龄就自动地放松自己，她们沉沦于哀伤逝去的青春和美好，不再主动去追求一些美好的东西。这体现在她们的衣橱里，就表现为里面只有宽大的基本款衣服，单调乏味的色彩。生活的琐碎和压力让她们不想再打扮自己，她们渐渐屈从于灰头土脸的生活。

而对生活有追求的女人，她们就不会这么做。法国第一性感女神碧姬曾经说过这样一句话：衰老让人哀伤，但成熟总是件好事。是的，很多女人会感谢岁月的沉淀赋予自己的成熟和优雅，她们永远不放弃对美好的追求。她们善于发现自己最美的一面，并将它展现出来，让生活也因此而完美。追求的高度决定着品质的高度，只有不放弃对美的追求才能打造完美的品质生活。

董卿善于打理自己的衣橱，也非常了解自己应该穿什么样的衣服，她说：“太了解自己是一种幸运的清醒。”因为了解自己，才会知道什么适合什么不适合。只有适合自己的，才可以让我们超凡脱俗、与众不同。像董卿一样，做自己的穿衣教主吧！

有一种诱惑，叫高跟鞋的性感

一双合脚又漂亮的高跟鞋是女人一生的情人，当优雅的仪态与高跟鞋搭配在一起，改变的就不仅仅是你的整体形象，甚至还有你的态度。它可以把一件普普通通的衣服衬托出来，使其立刻别致出彩。而且，女人穿上高跟鞋，双腿会显得更加修长。

柏杨先生有一篇文章叫《俏伶伶抖着》，其中有这样一段话：“一个女人，如果有一双使玉腿俏伶伶抖着的高跟鞋，又有一头乌黑光亮、日新月异的头发，虽不叫男人发疯，不可得也。”高跟鞋能够给女人带来更多性感、端庄、魅力以及她们想要的一切气质。

说起高跟鞋，央视一姐董卿总会滔滔不绝：“不光是我，我想所有的女性对鞋子都有特殊的偏好，尤其是高跟鞋。”而《欲望都市》里Carrie的经典台词“站在高跟鞋上，我可以看到全世界”，最能够代表爱穿高跟鞋女人的心声。女人只要穿上高跟鞋，立刻昂首挺胸、神采飞扬起来，增加的绝对不仅仅是高度，还有来自内心的愉悦和自信。

董卿应该是站在高跟鞋上看世界的一位典型吧。多年的舞台生涯，岁月的交替、流逝，到现在的物是人非，长久陪伴着她的恐怕就只有这些美丽的高跟鞋了吧，或许这些美丽的高跟鞋才是她成功人生的见证，才是她舞台上最忠实的朋友，才是她自信、端庄、自然等气质的来源。

就像女人衣柜里永远都少一件衣服，对于高跟鞋，女人更有一种独特的爱。她们鞋柜里什么鞋都可以缺，唯独高跟鞋少不了。先不论高跟鞋是否确实有“瘦腿”的功效，但无法否认的是，女人只要一穿上充满魔力的高跟鞋，瞬间就会有一种高挑、自信的优越感，反映在外表上，自然也能挺胸抬头，轻松蹬出性感。

正因为高跟鞋能让女人走起路来更“生动”，所以就连性感女神玛丽莲·梦露也难以抵挡高跟鞋的魅力。她也曾说：“虽然不知道是谁发明了高跟鞋，但所有女人都应该感谢他，不管是谁都会深深地喜欢高跟鞋带来的自信魅力。”

据说，高跟鞋给女人的美，非常符合我们常说的黄金比例，也就是0.618 ∶ 1，穿了高跟鞋，下半身与全身的比例很容易达到黄金比例。从某种角度上说，女人成熟的美，“风姿绰约”“杨柳扶腰”的妩媚，80% 要归于一双合适的高跟鞋。

具有优雅气质的主持人杨澜，出席任何场合高跟鞋都是必不可少的搭配。在访谈节目中，杨澜通常一套干练的西装搭配一双裸色高跟鞋，自信而充满魅力。在私下里，杨澜身着一袭裙装，搭配黑丝袜，脚蹬高跟鞋，性感又贵气十足。

如果说这个世界上有什么东西是最能代表女人的，那应该就是高跟鞋了。高跟鞋是女人的象征，是女人优越感的直接来源。穿高跟鞋的女人总会从一群毫无个性的女人里脱颖而出，绝对有鹤立鸡群的感觉。

女人只要蹬上一双高跟鞋，就像超人穿上超人装、蝙蝠侠套上蝙蝠装，所有身为女人所应有的性感、魅力、自信，全部会在一瞬间被激发出来。那走路时的摇曳生姿，那摇摆腰肢时的顾盼自如，那翘脚时的风华绝代，绝对会让女人庆幸自己身为女人。

这样的女人神采飞扬，意气风发，让人惊诧她的风度，更让人痴迷她的魅力。一双高跟鞋，给女人增加的绝不仅仅是高度，还有来自内心的一份自信及风度，更让她由内而外散发阵阵光芒。你的一颦一笑、一举手一投足都尽在高跟鞋的掌握之中。

虽然高跟鞋的舒适度无法与平底鞋相提并论，但只要正确地选择到适合自己的高跟鞋，并通过正确的穿法，就能够将不舒适度降到最低。不同高度的高跟鞋有与之相应的小建议。

2cm 至 4cm，虽然是最舒服的高度，但高不高、低不低，脚该受的罪也受了，女人的味道却没出来。

5cm，已经能足够把你的小腿拉长，是很多女性比较容易适应和选择的一个高度。如果你刚开始尝试穿高跟鞋，5cm 是一个建议的购买高度，如果你的工作不是随时要走来走去，那 5cm 是很容易穿进办公室的。

7cm，Party 上可以相对完美地搭配小礼服，将你的身高有效地视觉拉长；如果在办公室穿，建议选择圆头款，尖头款撑一天，不仅需要脚力，也很容易造成脚趾变形。

10cm，这是时装品牌流行的一个高度，香港 Manolo Blahnik 的专卖店中，满眼都是 10cm 以上的鞋子。穿上这种高度的鞋子，即便搭配一条最普通的裙子，你也可以成为 Party 亮点。

11cm 至 12cm，这种极致高跟的鞋子与舒适度无关，想承受这种高度，一般都是在那种不需要走动的派对上穿的，现实中穿，你会有想扔了它的冲动。

12cm 至 14cm，这是红底鞋 Christian Louboutin 偏爱的高度，明星喜爱穿着这种高度，穿上大礼服走上红地毯。喜欢刺激的女性可以考虑尝试一下，相当惊险。

一个女人可以不化妆，却不能不会化妆

一个女人可以不化妆，却不能不会化妆。那些眉眼的细致，皮肤的光洁会让你更懂得疼爱自己。爱化妆的女人是积极的女人，会化妆的女人是智慧的女人。化妆，不仅是女人增加魅力的手段，还是女人留住美好岁月的刻刀。化妆是值得女人学习和研究的一件事情。有人甚至说：不会化妆的女人，没有未来。

董卿作为央视春晚的常客，每一年都为观众带来视觉上的惊喜。一般的OL妆妆面要求简洁大方，不需要太多太厚的色彩，以表现职员的成熟度，不断吸引着观众的眼球，而董卿优雅高贵的气质也着实诱惑了不少人的心。

有人说：什么样的妆能够化十年不被淘汰？什么样的妆感能让观众看十年看不腻，答案我们或许能在董卿的身上找到。

首先，董卿的柳叶弯眉已经典了百年，眉形自然永远不会过气，会过气的应该是颜色。对亚洲人来讲，灰色、黑色、深棕色是最接近自然发色的，所以绝对安全。

大地色眼妆。眼影里大地色系是最安全的色系，它比黑色更接近于肤色，又比红绿蓝等色更有显色力，是保守眼妆的最佳选择，不管你出席任何场合、任何

活动，大地色都是绝对安全的选择，而且到现在为止根本没有一个色系能超越大地色成为眼妆主流色。

另外是董卿的唇色，或许是出于庄重感的考虑，董卿春晚的所有造型里都是最接近唇色的透明色，这种唇色最为亲和，不会给人距离感和压力，因为是自然的唇色，所以它更不会随着流行趋势而发生任何的变化，可谓是首选的永恒色。

据媒体报道，董卿对出镜妆容的要求非常高，除了“御用化妆师”的精心打理，她平时自己也会潜心研究。

化妆是一个女人必须学会的技术。一项英国科学家的研究表明：会化妆的女性平均收入往往高于不化妆的女性，而且显得更聪明。所以，化妆的女人不一定优秀，但优秀的女人一定会化妆，也一定会更注重仪容仪表。

化妆不仅仅是装扮自己，也是尊重他人。你可能会说，工作这么忙，哪有时间化妆？然而事实证明，工作越忙、越乱，你的脸色可能越差，就越需要用上妆来修饰。你的老板和客户会为你的工作成果买单，却不会为你的坏脸色买单。为了你长远的职场形象，请一定从你的时间表里给自己的容颜挤出几分钟。美丽的妆容会为你加分许多。

英国著名的形象公司 CMB 的一项研究显示：在公司中身居高位的女性，形象和气质对于其成功的作用非常关键。现在，越来越多的女性高管人员都非常善于把优雅动人的女性魅力融入自己的整体职场形象，化妆自然也被她们所青睐。

化妆是一个女人在独当一面的世界里强化印象的方法，也是自我探索的过程，在这个过程中，女人会变得更加大气和自信。

杨澜曾告诫广大女性，作为女人，你必须精致。杨澜的成熟女人味不只是体现在服装上，更体现在妆容上。饱满的唇色让她气色十足，但并非艳丽的红唇，也不是裸色唇，而是使用了大气的淡色浆果唇色。完美的底妆也将她的肤色打理得十分匀称。上挑的眉毛让她看起来格外干练。整体淡淡的妆容让她看起来气质倍增，优雅十足。

女人的品位不单是出自美丽的眼睛和光滑细腻的皮肤，而且是出自整体的妆容效果。妆容是女人用智慧和修养精雕细刻出来的。美好的妆容会让女人比现在更漂亮，不良的妆容会损坏女性的美感——视觉的美感、品位和素养的美感。那么如何化妆呢？下面有几个基本的小方法。

首先要洁面，用滋润护肤品按摩面部，使之完全吸收，然后进行面部的化妆步骤：

1. 打底：打底时最好把海绵扑浸湿，然后用与肤色接近的底霜，轻轻拍打。

2. 定妆：用粉扑蘸干粉，在面部的 T 字区轻轻揉开，余粉定在外轮廓。

3. 腮红：职业妆的腮红一般在颧骨的下方，外轮廓用修容饼修饰，突出容颜的自然与健康。

4. 画眼影：职业女性的眼部化妆重点在外眼角的睫毛根部，然后向上向外逐渐晕染。注意妆容的干净、自然、柔和。

5. 画眼线：画眼线时应紧贴睫毛根部，细细地勾画，上眼线外眼角应轻轻上翘，这种眼形会让人看起来既有魅力又优雅。

6. 描眉毛：首先整理好眉形，然后用眉毛刷轻轻描画。

7. 卷睫毛：用睫毛夹紧贴睫毛根部，使之卷曲上翘，然后顺睫毛生长的方向刷睫毛膏。

8. 口红：应选用亮丽、自然的口红，表现出职业女性的健康和自信。

做一名优雅的女子，将自己酿成一杯淡而又淡的名贵好酒，浓郁、醇正且温和，举手投足，一颦一笑，都可以散发迷人的魅力。

生活就像走红毯，重要时刻如何光彩照人

法国时装设计师香奈尔曾经说过：“当你穿得邋遢不堪时，人们注意的是你的衣服；当你穿得无懈可击时，人们注意的是你。”莎士比亚也说过：“外表显示人的内涵。”如何穿得光彩照人，对一个优雅的女人来说至关重要。

作为央视著名综艺节目主持人，各种大型晚会、庆典的演播现场，几乎就是董卿的办公室。为此，她穿着礼服的机会不仅多于普通百姓，甚至远远高于一般明星。那么面对不同的场合，满眼炫目的华服，董卿是如何选择的？她说：“晚会和晚会也有不同，台上服装的选择我都会兼顾主题以及整体环境，毕竟是要呈现在全国观众眼前的。我主持春晚的第一偏好是大红色，这么多年了都是毫不犹豫地选红色，而中秋节晚会则会穿浅色，青歌赛就会偏生活化一些，不过分隆重。”

或许是因为工作中见惯了珠光宝气，私底下的董卿偏爱简约、优雅、低调、素净的衣服。喜欢肉粉、米白等属于淡雅范畴的色彩，她自己称其为“稀里糊涂”的颜色；最爱各种柔软面料的贴身舒适感，如果要加装饰则“希望有一点点亮的金银线，一点点的亮片，就是很好的点缀了”。

设计师郭培对董卿的穿衣品位毫不吝惜溢美之词，说她在生活中非常讲究。以专业的眼光来看，就是颜色、款式等整体搭配起来比较好。要知道一个人每天的搭配都维持在一定水准以上，真不是一般功力可以达到的。

一个懂得穿着搭配的女人，会自然而然地散发出自信的风采以及内敛的涵养，而这种属于你才有的独特魅力，将使所有人都惊讶赞叹。

作为一名访谈类主持人，杨澜的着装并不能随心所欲，而是要考虑到各类因素。嘉宾身份、地位、性别的不同，都会影响服装的选择，既要与整个基调相符，也不能夺了嘉宾的光芒。

深色西装是男性政要和商界人士的最佳拍档，为了使画面不显得过于沉闷，杨澜会穿上一身色彩较为鲜艳的正式套装；若嘉宾是一位艺术家，杨澜通常会穿设计感较强、款式简单的品牌服装。如果不确定嘉宾的服饰风格和颜色，在大多数情况之下，杨澜就会选择相对柔和的灰色和米色。

对于室内采访而言，为避免衣服的颜色与周围的环境有严重冲突，编导通常需要提前“踩点”，了解了采访地点的装修风格和墙纸的颜色后，杨澜才能做出判断。在服装师的建议下，杨澜会准备一些风格简约的别针和丝巾，起到点缀的效果。

索菲亚·罗兰说：“我只要求看上去像我自己，非我莫属；要做到这一点，不能依靠奇形怪状，只需把自然赋予的一系列不规则的组合略加修饰就可以了。”女性能够在不同的场合中选择一款适合自己的充满女人味、知性优雅的装扮，会让自己从人群中脱颖而出成为大家注目的焦点，让你一路绽放美好。

在职业场合，我们的着装要讲究规范、理性、精致。最能体现职业化的服装应为蓝色、灰色、藏青色、米色等中性色的基本款套装。款式简洁利落，裁剪收身合体，面料挺括精良。装饰性不强，服装较少有图案，即使有也是不明显的暗纹。可以采用略带装饰的衬衣和内搭，展现温柔知性的一面，整体呈现规范理性、值得信赖的感受。

当然，个性和创意的缺失会让工作时间显得沉闷和乏味，我们也可以用一些有设计感的配饰来调剂。另外，商务晚宴也属于职场的延伸，在正式套装的基础上加入丝巾、胸针、珍珠项链等配饰，可使氛围随之改变。

在社交场合，我们的着装要尽显华丽、典雅、柔美之感。凡是我们衣橱里那些格外强调女人味的装饰元素，并且足够精致，基本上都属于社交场合。那些花团锦簇、蕾丝镂空、荷叶流苏、甜美的蝴蝶结，柔软的面料，浓郁的色彩，华美的光泽，纤巧的鞋子，无袖或露背的设计，无一不彰显着女性的典雅和浪漫。

这些衣服确实很美，但最适合的是晚宴或者派对，千万不要这样穿到办公室，在适当的场合展现女性化，是魅力；在不适当的场合，却只会削弱你的工作能力。总体来讲，优雅、飘逸、细腻、精美、浪漫，体现尊重，是社交场合的穿着原则。

在休闲场合，个性、舒适、创意是穿衣的基本原则。那些放松的、个性的，有设计感的，或者朴素舒适的，无论是棉的、麻的、拉链铆钉、皮革牛仔、巨大Logo、格纹豹纹或者波西米亚元素，都是休闲场合的最佳伴侣，这个场合的原则就是——做你自己。

对于某些从事艺术或创意工作的时尚女性来说，也可以把这样的服装穿到工作场所，至于传统行业里循规蹈矩的白领们，还是算了吧，老板可不会根据你的个性穿衣来为你增加薪酬。

干练优雅，展现神采奕奕的职场达人形象

倾城倾国之貌对于绝大多数女人来说都可望而不可即。也许你的相貌并不出众，但是懂得怎么装扮自己同样会使你展现出特有的魅力。

对于职业女性而言，要想在撑起职场半边天的强悍里又怀揣温柔婉约的女人梦想，职业装扮上就既要穿出品位，穿出气质，又要做到得体到位，穿出自己的风格，让别人赏心悦目。

董卿以制片人的身份打造大型文化情感类真人秀《朗读者》，作为观众，我们不得不佩服董卿的才华，更重要的是，她那一身通勤干练装，可以说圈粉无数啊！

做一个有格调的女性，就要像董卿那样，有品位有内涵有智慧。第一期的《朗读者》，董卿的一套粉色西装惊艳了所有观众。董卿以其知性的气场把本难以驾驭的淡粉完美呈现出来。加之一条简单的米白色丝质围巾作为点缀，恰好把西装映衬得更具利落感。

不仅如此，对于亮色系的西装套装，董卿穿起来也是耀眼夺目、闪闪发光。她穿着红红火火的大红色系西装套装——精致的细节感与收腰的版型，搭配金属

系高跟鞋，显得很有气场又具有女人味。

董卿把职业装穿出了新意和气质，彰显了她的干练和优雅。很多女性不免对职业装设计方面固定的模式与单一的款式感到苦恼。一个懂得如何寻找时尚的优雅女性一定会善于在细节处点缀自己。她非常清楚领口处看似不经意的细褶、腰间的饰带、胸口的缀花，都可以为沉闷的职业装增添色彩。

职场上的优雅女性通常有一双善于发现的眼睛。例如，上下一色的套装，看似没有一点重点，这时如果在腰间搭配一条饰带，或者把原有的饰带换一种系法，再配上一条亮泽淡雅的项链，这时颇有“香奈儿”的优雅。

除了细节，能使职业装活跃起来的还有色彩。虽然职业装的色彩变化比较单一，多数时候以黑、灰、白为主导，但如果能够在色彩中找到细微的变化，黑、灰、白也能成为时尚的代言人。

比如，在灰色系中加入浅蓝、柠黄、粉红的小配饰，不仅不会抢了灰色的风光，还会让灰色变得更纯粹、更有魅力。另外，有光泽的腰带、丝绸感的胸前小花、透明质地的纽扣也会让职业装丰富许多。

把职业装穿出花样、穿出创意的女人，干练优雅，充满自信。她们能力出众、处事果断、神采奕奕，容易赢得大家的赞誉和青睐。

杨澜作为职业女性的典范，她的成就有目共睹。她令人沉醉的气质是中国人向世界展示的典范：美丽、聪慧、优雅、知性，她的穿着永远沉静淡雅，丝毫没有张扬的锋芒。

杨澜在职业场合通常会选择有韵味的花朵图案的衬衫。素雅的米色衬衫饰以咖啡色和浅紫色的花朵，十分素雅、高贵，精致简洁的耳环展现了优雅的气质，表达出智慧女人淡雅的穿衣哲学。但是花朵的纹样非常重要，俗气的小花再怎么有气质的人都不会穿出精彩。古典的梅、兰、竹、菊都是体现气质的必要元素。

其次，杨澜也会选择有面料细节的浅色套装。带有压花的米色套装光泽感十足，精致的扣子为套装进行点缀，扣子和耳环同色，相得益彰。面料有印花或压花的套装能给人亲和感，也能避免纯色面料带来的单调，但面料上的纹理不能太杂乱。此外，套装的扣子越精致越能凸显品位。

现代女性在职场的地位和信心越来越高，其工作时的服装也尤为重要。得体的着装能为职场女性大放光彩，而不合适的打扮会给职场女性的形象大打折扣，甚至会让她失掉这份工作。职场女性在穿衣方面有六大禁忌。

一、忌过分性感：一般来说吊带装是不能穿进办公室的，穿着暴露或过度性感，这样做不但起不到被别人认同和注意的目的，而且容易被人认为很轻浮。简约的职业装会带给他人大方得体的感觉，并提升你在同事眼中的整体形象分。

二、忌丢失职场威严：职场装扮就应该适合办公环境，T台上照搬下来的波西米亚风格、朋克风格等都不适合办公室，优雅和得体才能保持威严。

三、忌过分随意：民族风长裙穿进办公室难免给人过分随意的感觉，另外拖沓的长裙也会严重影响工作效率。

四、忌过分生活化：很多服装虽然平时看起来非常出色，但是并不一定适合在上班时穿着。比如，波普图案长裙搭配平底鞋固然舒适，也很有街头范，但并不适合在办公室里穿着。因为这样的装扮显得人很不精神。

五、忌配件乱用：配件在整个服装的搭配中能起到画龙点睛的作用，但是如果这个“睛”点得不好，反而会起到反作用。一般来讲，职场配件有一个原则，那就是尽量简单。永远不要把装饰繁多的鞋子穿进办公室，那样会使你显得很不专业。

六、忌太紧太短：即使安全的装扮也不能太紧身或者太短，不管你对自己的曲线多么自信，也不能随意暴露，适度宽松的服装总能让你工作起来得心应手。

端庄优雅的女人美得像一首抒情诗；凝视她，觉得整个世界都沉浸在明媚的春光之中……

你可以有个性，但决不能没教养

女人可以貌不出众，可以平淡无奇，可以资质愚钝，甚至可以没多少气质，但是不可以没有教养。有教养的女人，处世落落大方，不亢不卑，不张扬，不显摆，似一株幽兰，芬芳四溢而不自知。

《中国诗词大会》中有一期来了一位身体残缺的选手。这名女孩叫张超凡，虽然少了一只手臂，但她很乐观很自信，还以“自信水流东，花开半夏”来勉励自己。当她讲起童年一些因为身体缺陷而不太愉快的经历时，后面的百人团中有人泪眼朦胧，有人神情哀伤，连蒙曼老师的眼角也闪着点点泪光。

如果是别的主持人，有可能会趁机渲染大家的情绪，让观众们一起同情这位选手的不幸遭遇，让全国人民的眼泪陪着过年。

可是站在台上的董卿脸上始终挂着盈盈笑容，以对待其他选手一样的态度和目光来对待这位“东方的维纳斯”。她并没有滥用她的同情。她的点评很体贴也很到位：“其实我们每一个人都不完整，只不过有些是看得见的残缺，有些是看不见的。但在你身上最宝贵的是，你用你的乐观、坚强、勇敢去追求了一颗完整的心灵。”

董卿的一席话，让大家忍不住为她点赞，在那一刻她身上充满人性的光辉。其实有残缺的人最怕的就是别人的眼泪和同情。一位心理专家说，当你看到残疾人时，只需要平等地表达关心即可，不需要君临天下般的怜悯。董卿没有怜悯她，更多的是尊重。董卿温婉的待人态度，让我们感觉她不只气质非凡、优雅端庄，而且极有修养。

有教养的女人善解人意，通达世情，不天真，不偏激，在任何突发变故面前都能处变不惊；有教养的女人，面对名利金钱的诱惑，会三思而行，反复斟酌，不会轻易让自己陷入尴尬的处境；有教养的女人，在平静的岁月，是柔风细雨，于淡然中抒旖旎柔情。

一个人的教养不是一蹴而就的，也不是单纯的礼貌，是一种习惯的积累，一种涵养的综合。有教养的女人，不一定家世良好，但大都爱好读书和学习，懂得只有知识的充实和强大，才能忠实自己，受益一生。有教养的女人，不一定坚强独立，但大都崇尚本真的自我，懂得只有心灵的纯净和善良，才能感受生命的真实。

民国才女张爱玲的一生虽然凄凄切切，然而她较高的气质修养，却是民国才女中不可忽视的一瞥惊鸿所在。

张爱玲的父亲是一个典型的遗少式人物，有旧式的文化教养，会吟诗作赋。而她的母亲则是清末南京黄军门的女儿，先后两次出洋，深受西方文化的熏陶，从小便给予了张爱玲西式教养，让张爱玲弹钢琴、学英文、画画、配颜色……最重要的是决定送张爱玲去上学。

正是在这种家庭的培养下，年幼的张爱玲就已经对中西式的礼仪有了很深的了解。而在中西文化的教导下，成长中的张爱玲对人生的感悟和对艺术的追求更是达到了一定的高度。

在她的作品中，人们不但看到她将世俗的生活写得情趣盎然，而且其笔下刻画的那些鲜活人物似乎从侧面也反映出了一部分张爱玲本人的真实。

在胡兰成所写的《民国女子张爱玲》中就曾有一段话：“第二天我去看张爱玲，她的房间里华贵倒使我不安，那陈设与家具原简单，亦不见得很值钱，但竟是无价的，一种现代的新鲜明亮断乎是带刺激性。阳台外是全上海在天际云影日色里，底下电车当当地来去。张爱玲今天穿宝蓝绸缎袄，戴了嫩黄边框的眼镜，越显得脸儿像月亮。三国时东京最繁华，刘备到夫人房间竟然胆怯，张爱玲房里亦像这样的有兵气。我在她房里亦一坐坐得很久，只管讲理论，一时又讲我的生平，而张爱玲亦只管会听。”

然而不论怎样，她那一身古典旗袍的优雅与在任何场合都颇显高傲的气质扮相，却永远留在了人们的心中。

生活的细节是一个人教养的缩影，无影又无形却又无处不在。有教养的女人不会随着岁月流逝而渐失光泽，反而会越发耀眼迷人。

18 世纪末，政治家、思想家勃客曾写过这样的话：“教养比法律还重要，它们依着自己的性能，或推动道德，或促成道德，或完全毁灭道德。”在古代形容一个女人有教养是“知书达理、温柔贤惠”。教养是文明规范，是道德基石，是一种优秀的素质，让人在不知不觉中肃然起敬。

富有教养，是女性道德美的表现形式，它会随着岁月的增加、心灵的净化而日益显示出它的光华。有教养的女人像潺潺溪水，让周围的人被浸润。和有教养的女人共事和生活，我们会觉得和谐而愉悦，常常还会得到人性的升华和感动。

教养是一种潜在的品质，并不会多么直接地吸引人的眼光，但是，对凡尘中的我们来说，生活需要女人有教养，家庭需要女人有教养。

不需要开口，走几步别人就知道你的境界

我们每个人身边都有传说中“气场很强大”的朋友，其实这个气场不仅与个人能力有关系，还与自己的气质举止有很大关系。就好像普通人与职业模特走在一起，总会显得略逊一筹。

事实上自己逊色的并不是姿色，当然也不是才华，而是你走路的姿势。模特的步态都是经过专业训练的，所以模特走路的样子气场十足。对女性而言，展现特有的韵味，拥有轻盈的步态十分重要。

舞台上的董卿始终保持着端庄高雅的体态，面带一如既往的微笑，激情饱满地与选手对话。在走下台的时候，董卿的步态那般轻盈，似一缕春风，妙不可言。她的步履轻捷、娴雅，步伐略小，一直走直线，展示出了温柔、娇巧的阴柔之美。

行云流水般优雅的步姿、款款轻盈的步态是女性气质高雅、温柔端庄的一种风韵，而优美的步态，则更加增添了女性贤淑、温柔之魅力，展现了女性自身的风采。

绝大多数的女性都将自己的注意力集中在自己的妆容和衣着打扮上，很少有人会注意自己的步态。试想一下，一个妆容无可挑剔且穿着考究的女性，走路却是左摇右摆、含胸驼背的话，会不会给人一种大煞风景的感觉呢？

步态是一种无声的语言，却足以展现女性的魅力。我国古代女人以小脚为美，穿“三寸金莲”成为当时女性最时尚的行为。当女性穿上“三寸金莲”的时候，走路的姿势是“柳步”，就好似风中的杨柳一样左摇右摆、婀娜多姿。

现代女性已经不再裹小脚了，但是为了美，会穿上高跟鞋。穿上高跟鞋后，女性走路的姿势又发生了改变，气质一下子被提升了。此外，模特们特有的猫步，也是美的表现。无论古代还是现代，女性走路步态轻盈，都会给人留下美好的印象。

白落梅在书中这样描写林徽因：“每多走一步，多读一句，似乎更加清晰地看见林徽因从那朦胧的烟雨里撑着油纸伞向我走来，踏着清风，步态优雅轻盈，挽着云彩，光鲜而缥缈，于是，我多想伸手去抓住你，抓在我的掌心，哪怕时光流水会磨去我手心的掌纹，我也要牢牢地抓住你的身影。”才女林徽因无论是事业、感情、修养甚至是走路的姿势，都为后人所敬仰和效仿。

走姿美有一种说不出的迷人魅力，即使一个相貌平平的女子，如果走起路来很有风度和气质，也能成为别人眼中一道亮丽的风景线。

步态轻盈的女子在走路时，手臂轻轻地来回摆动。绝对不会像男人一样把胳膊肘外扩，她们会把肘关节往里收，大拇指向食指靠拢，手腕部位与大腿稍稍摩擦。同时还会把腿部绷直，肌肉收紧，膝关节沉稳有力，这样的步态马上让人显得高了，而且给人的整体感觉会比较挺拔。

步态轻盈的女子通常会采取一字步的走姿。她们在迈开步子时，有意识地用大腿的力量行走。当她们走路时最先是脚后跟着地，然后慢慢过渡到脚尖，脚尖稍稍向外侧打开，一步一步，有意识地用力踏地行走。双腿在膝盖内侧有一个轻轻的摩擦，这样基本就可以知道自己是走在一条线上的，而她们身后的脚印看起来就像是含羞草的叶子一般。

林语堂说过：“优雅地老去，也不失为一种美感。”再灿烂的花朵，也抵不过时光的雕琢；再美丽的容颜，也经不起岁月的考验，唯有优雅，才能超越时光。优雅的女人，举止大方、仪态得体且走姿优美，她们知道姿态优雅地走路要“拉颈”“沉肩”“挺胸”，而不是随意性地含胸、驼背、八字脚、大甩手，走路带风，以至于丧失了女性应有的轻盈和柔美。

女性走路的步态不能千篇一律，要在不同的场合以及着装不同时走不同的步伐才行。

直线步态适用于日常生活。注意在行走时应该昂首挺胸，眼睛平视前方，肩膀不要摇晃，双臂前后自然摆动。脚尖微微向外或者向前伸出，走路时保持一条直线。这种步态可以彰显女人的亲和力。

高跟鞋步态适用于与人会面的场合。当女性穿上高跟鞋的时候，胸部就会自然挺起。走路时要注意收腹，整个身体应该向后微微倾斜，臀部向上翘。这时你会发现你的小腿也会自然变得饱满起来，脚背的线条会变得圆润，女性的身体曲线很容易因为一双高跟鞋而展露无遗。这种步态可以彰显女性优雅、干练的气质。

舞台步态适合参加活动或者聚会。舞台步与模特走路的姿势很相似，可以烘托出女性的肢体美感。走路时双臂摆动幅度要大，摆臂的动作要干净利落，步伐要有节奏感。这种步态，可以彰显女性的朝气与轻盈之感。

女人走路时的步态并没有特殊要求，也没有规定固定模式，只要你的步履轻盈，可以展现你的气质，并且结合你所处的环境就可以了。一个长期保持步态轻盈的女人，也一定拥有较高的修养。

优雅与野蛮只一线之隔，有一种美叫细节

女人的细节看似全在不经意处，却是一个人长久地坚持和克制，先是用来自我约束和自我赏析，在自我约束中彰显教养和品质，在自我赏析中变得淡定和温暖；然后无心插柳柳成荫，每个路过的人都会忍不住驻足，或是被迷醉了眼睛，或是感觉到了世界的美好。

从搭配上来说，细节比起漂亮的衣服，更容易暴露一个人的气质和内涵。性格写在脸上，人品刻在眼里，审美看衣服，层次看细节。优雅的董卿，也是爱美的董卿，更是懂得细节的董卿。每一期都能看到她举手投足间，最干净简约的美甲。其中一期节目中，董卿的一抹砖红色美甲，成熟稳重，不张扬，不耀眼夺目，却完美地将气质与时尚尽显。

手是女人的第二张脸。爱美甲的女人更注重细节美。美甲恰恰能帮助我们提升气质和女人味。作为一个职场女性，简约干净的美甲或许能为我们加分不少。美甲，就是女人最好的细节搭配。

搭配是一门哲学，藏着女人对生活的领悟。董卿一直信奉美国一位设计师的

话，“细节与上帝同在”，她秉承了上海人追求细节的特性。注重细节的女人，会在岁月的沉淀中越来越好。

女人的美，美在细节和品位，与一个人的修为、素养、能力成正比，这是一种生活态度、生活方式和生活情趣，正是这些品位、内涵与个性，给女性的美注入了生机和活力。

拥有美丽的容颜和优雅的气质，几乎是所有女人的梦想，这是需要在细节中呵护和培养起来的灵魂，让美可以不受外在条件的影响和限制。典雅的发型、精致的首饰、诱人的香水，注重细节的女人可以打造出自己生命的美丽。

1924 年，中华电影学校招生，一千多人应试。一个叫胡瑞华的 16 岁姑娘很忐忑，虽然家里最显赫的亲戚是父亲姐夫的哥哥——北洋政府“内阁总理”唐绍仪，但血缘的迂回早已稀释了亲情的浓度，怎样才能从千人之中脱颖而出？

她灵机一动，别出心裁地梳了一个横 S 发型，在左襟别了一朵大花，长长的耳坠古雅地从耳垂上流泻下来，身着长裙圆角短袄，很复古的打扮，在密密麻麻的时装新女性中卓尔不群。试问有哪个面试官不被她精致的美所打动呢？

她如愿以偿地成为中华电影学校第一期，也是唯一一期学生。从只有几个镜头的卖糖果女孩到女一号，她积累着从量变到质变的能量。终于，《秋扇怨》让胡瑞华破茧变为蝴蝶，成为邵逸夫哥哥邵醉翁创办的天一公司的当家花旦。

1931 年，有声电影取代默片成为主流，她主演了中国第一部蜡盘发音的有声电影《歌女红牡丹》，演戏配音时，在录音棚一待就是 7 个小时。

虽然她自谦“论演技，我是不如阿阮的”，但深陷情伤的阮玲玉付不出她这份“功夫”。所以，她成为影坛无人能及的“一姐”。顷刻间，她的头像变成最时髦的装饰；她穿的旗袍、戴的首饰一出街便被模仿；八卦杂志关注着她的一举一动，把她的打扮从头到脚分析给读者，以她作为最美丽女子的模板，甚至，她的酒窝也成了美女的重要标志。她的每个细节都被人们追捧和爱戴。

女人可以不美，但绝不可以不细致。细致体现在装扮上就是注重穿着的细节、星星耳坠、皮外套的毛饰边、裤角的流苏，都像极品香水一样，能把悠然的女人味不经意地挑逗出来。“闻香识女人”已经说得太多，懂得用细节装扮自己的女人才是最有品位的女人，因为“美丽的女人悦目，细致的女人悦心”。

细致的女人会把每天上班前给自己搭配服装的时间，当成重要的仪式，从选择上衣、下装、配件，到最后试穿，整个过程中的期望、兴奋、满足、亲切简直就是一种“自恋”，女人会在这个想法及实践的过程中比过去更加体贴自己，这是一颗美丽、细致的女人心在破土、发芽、开花，成长为真正的美人。

20 岁之后的美貌就是自己塑造的

我们在电视剧里看演员时会发现有些人随着岁月的沉淀什么都没变，还和年轻时候一样；有些人却可以看出脸上有岁月留下的明显痕迹。

很多人说，岁月是女人的天敌，其实困住一个女人的从来不是年龄，比岁月更摧枯拉朽的是生活的腐朽。任何时候，都请记得，善由心生，美由你定。

董卿说：“女人 20 岁之前的容貌是天生的，20 岁之后就靠自己塑造，经历、环境都会影响你的眼神和姿态。”跑步、锻炼、读书等每一样保持健康、提高修养的事情董卿都做得如鱼得水。由于工作很忙，她经常会加班到很晚，但是绝不日夜颠倒。董卿说女人要塑造好自己完美的体态、容貌、修养，不能随着年龄的渐长而放弃自己。

20 岁之后我们要拥有更好的品位、更高的收入，千万别再胡乱买一堆并不适合自己的衣物。衣服可以不多，但对于自己来说必须件件是精品；不必是大牌，但一定要拥有好的质感和适合自己肤色的颜色。20 岁以后的女人必须开始形成自己的风格与路线。

20 岁以前素颜出门会被夸作可爱和清纯，但是 20 岁以后就别这么做了，拜托你一定要化个淡妆再去见客户和重要人物。化妆不但能取悦自己，也是对他人的尊重。没有人喜欢看你脸上的色斑和痘印，真的，别用什么朴素美来自欺欺人了。

20 岁的女人也要知道比脸更先开始走向 30 岁的是我们的身材。上帝对每个人都是公平的。你贪吃，你不运动，你没有恒心和毅力，所以你不胖谁胖？ 20 多岁时吃下的垃圾食品，到 30 岁时通通会反映在自己身上，我们唯一的敌人不是岁月，而是自己的惰性。这世上永远不存在不劳而获的事情。坚持锻炼对 20 岁之后的你尤为重要。

一个美丽优雅的女人应当多关注自己的形象，因为女人的形象不仅代表着她对生活的态度，也是她向别人展示自己的“名片”。

女教授全震寰听过林徽因讲课，她回忆道：“林徽因每周来校上课两次，用英语讲授英国文学。她的英语流利、清脆悦耳，讲课亲切、活泼、谈笑风生，毫无架子，同学们极其喜欢她。每次她到学校都会立刻引起轰动。她身着西服，脚穿咖啡色的高跟鞋，摩登、漂亮而又朴素优雅。女校竟如此轰动，如果是男校，就听不成课了。”

著名哲学家金岳霖曾经用“极赞欲何辞”来形容林徽因，并且用“四月天”来表达林徽因在自己心中的地位。“四月天”在西方用来指代艳日，这样的日子丰盛而富饶。在金岳霖看来，林徽因不论在任何时候都是最美的人间四月天。

林徽因 40 多岁时得了肺病，但是她仍然十分注重自己的外表形象。萧乾在为《林徽因文集》所作的序中提到了他与林徽因初次见面的情景：“星期六……我羞怯怯随着沈先生从达子营跨进了总布胡同那间有名的‘太太的客厅’。那是我第一次看到林徽因。在去之前，原听说这位小姐的肺病已经相当严重了，而那时的肺病就像今天的癌症那么可怕。我以为她一定是穿了睡衣，半躺在床上接见我们呢，可她哪像个病人，穿了一身骑马装……”哪怕是病入膏肓，林徽因也要将自己打扮得光鲜照人。而生病的林徽因在金岳霖眼里，始终都“迷人、活泼、表情生动和光彩照人”。无论何时，林徽因始终以最质朴、最干净、最具魅力的形象出现在人们的眼前。或许正是因为她对自身形象的注重，后人在评价她时，往往习惯性地把“终身完美”四个字放到她身上。

形象就像一种无声的语言，不仅能彰显一个人的气质，也是一个人的竞争资本。完美的形象能给女人增添更多的魅力，能给人留下赏心悦目的好印象。

一个女人良好的形象会从你的面相上反映出来，会从你的眼角眉梢流露出来，你关注什么、修炼什么，这些统统都会反映在你的脸上。每一个正活得乱七八糟的女人，都应该看一看自己的那张脸。何必把自己弄得如此狼狈呢？风景这么好，人生这么长，你真的预备就这么耗下去？大可不必。大踏步向前走，让山川湖海、星辰月色都成为你的底气。看过世界的你，踏遍青山，不会老。

多出去走走，爱旅行的女人身上总是充满着力量。旅行不仅仅是放松心情，调剂生活，也不仅仅是在旅途中得到各种能力的锻炼，更重要的是，你走出了自己那一亩三分田的安全舒适区，走进了一个完全陌生的地方，去接触它、融入它、了解它、懂得它，最后吸收它给你的各种能量。

20岁不是永恒，我们还会经历30岁、40岁、50岁，但是无论如何，年龄都不可怕，最可怕的事情从来都是自身的惰性、空洞的内心和无趣的灵魂。我们要一直美下去，这就是一种能力。

虚怀若谷，让女性优雅怡然

奥古斯丁曾说：“一个人最大的智慧就是勇于承认自己无知。”谦虚可以使女人的才智更具魅力，骄傲则使她的才智产生斥力。我们始终要牢记“满招损，谦受益”的古训，孜孜不倦，虚心以求，千万不要因为有了成绩而沾沾自喜、得意忘形、趾高气扬。董卿深知“胜易骄，骄必败”的道理。

董卿时刻敢于坦言自己工作中的错误，并虚心接受别人的批评。在 2010 虎年元宵晚会上，她误把欧阳修的名句：“去年元夜时，花市如灯昼。月上柳梢头，人约黄昏后”中的“昼”字念成了“书”。剧作家魏明伦看到节目后，立即通报媒体为董卿纠错。

董卿知道后，第一时间给魏明伦发送了一封道歉短信：“魏明伦老师：您好！好久不见，一切可好？首先对您指出我在元宵晚会上的错误表示感谢。我的确是把‘花市灯如昼’说成了‘花市灯如书’，非常遗憾，也万分抱歉，您的指正，不仅及时纠正了我的错误，也对我今后的工作敲响了警钟。”

随后，董卿又向媒体表示，今后工作将更严谨、更务实、更细致、更刻苦。如此诚恳的道歉和态度，如此大度的胸襟和气量，不禁令人佩服。

事后，有人问魏明伦：“你对董卿发给你的道歉信有何评价？”他笑着说：“我认为董卿道歉态度诚恳，敢于认错！敢于承担责任！特别是这一句‘虚心接受观众的批评’，我要向她致敬！”

女人往往都是喜欢被人夸奖，很少有人喜欢被别人批评。但是，善意的批评可以让我们知道自己存在着哪些不足和缺点，以便能逐步弥补和改掉它们，去完善自己。

做一个谦逊的女子，能够微笑面对别人的夸耀，但是也要正视自己的缺陷，找到自己的软肋，强化它。通常谦虚的人会给人留下很好的印象，董卿就是这样的女子。

董卿说，受到批评其实是一件好事。首先这是一种被关爱的表现，说明自己还很有人缘，出了问题有那么多人关心你。其次，可使自己少走弯路，较快地走出生活或工作上的阴影，轻松地走向正常生活。再次，可视作一种待遇，受到的批评越多，自己的失误就会越少，进步就会越快，成长就会越迅速。至此，可以向批评你的人说一句“谢谢”。

著名教育家徐特立曾说：“一分钟一秒钟的自满，在这一分一秒间就停止了自己吸收的生命和排泄的生命。只有接受批评才能排泄精神的一切渣滓。只有吸收他人的意见才能添加精神上新的滋养品。”

2008年4月19日，央视《朝闻天下》栏目主持人文静就节目当中打哈欠一事向广大观众和网民致歉。文静在致歉信中写道，“4月17日，在中央电视台《朝闻天下》节目进行当中，作为主持人，我把直播时间误认为是广告时间，同时，没有听清导播的口令，出现了疏忽懈怠，在节目直播中间打起了哈欠。节目播出后，我非常难过，并深深地自责。作为央视节目主持人，出现这样的失误实属不该。在此，我向广大观众诚恳道歉！”

文静还表示，“节目播出后，很多观众和网民对这起播出事故进行了议论和批评，我都虚心接受。同时，对你们表示感谢！因为你们的关注就是对我工作的最大的支持。也请大家继续关注《朝闻天下》栏目，随时给我监督和提醒。今后，我会加倍努力地工作，在屏幕上保持良好的状态，回报广大观众的厚爱”。

每个人都会犯错，这些在所难免。关键在于我们能否端正心态，虚心地接受批评。大多数女人的脸皮儿都很薄，害怕被人指出错误丢面子。所以，当她们被指出错误后总是尴尬万分，不敢承认，更别提虚心接受了。

西方谚语说：“恭维是盖着鲜花的深渊，批评是防止你跌倒的拐杖。”听惯了谀辞的人常常狂妄自大，只有虚心接受批评的人，才会改正缺点，提升自己。

据说有一次徐悲鸿正在画展上评议作品，一位乡下老农上前对他说：“先生您这幅画里的鸭子画错了。您画的是麻鸭，雌麻鸭尾巴哪有那么长的？”原来徐悲鸿展出的《写东坡春江水暖诗意》，画中麻鸭的尾羽长且卷曲如环。老农告诉徐悲鸿，雄麻鸭羽毛鲜艳，有的尾巴卷曲；雌麻鸭毛为麻褐色，尾巴是很短的。徐悲鸿虚心接受了批评，并向老农表达了深深的谢意。

名人尚且敢于放下姿态虚心接受批评，更不必说普通人。虚心听取他人的意见，随时总结经验教训，才能使我们更进步。有时，一味地坚持并不意味着就是对的，只有坚持正确的方向才可以走得更远。因此，多听取过来人的意见和建议，有助于我们看得更远。

谦逊的女人懂得在别人批评的时候放低姿态，有则改之，无则加勉。她们懂得时刻注意收敛自己的锋芒，特别是在有人批评自己的时候，从来不会以咄咄逼人的姿态和人反驳争吵。她们用轻俏的温柔滋润了紧张的气氛、无奈的生活与干枯的心灵。泰戈尔说：“当我们是大为谦卑的时候，便是我们最近于伟大的时候。”

每个女子都是花，笑起来眉眼芬芳

《诗经》里有一句话叫“巧笑倩兮，美目盼兮”，它描绘出了女人笑容的最高境界，这也是“回眸一笑百媚生，六宫粉黛无颜色”的原因。微笑，是女人最美的表情。

很多人喜欢董卿的盈盈一笑。她的笑如绿叶般清新，似红花般动人，像白雪般纯洁，若清风般飘逸，她最美的地方莫过于回眸一笑。

世界名模辛迪·克劳馥曾说过这样一句话：“女人出门时若忘了化妆，最好的补救方法便是亮出你的微笑。”

女人甜美的微笑透出的是宽容，是善意，是温柔，是爱意，更是自信和力量。亲切的笑容使人赏心悦目、心情开朗、惬意舒坦。无论亲密或生疏，只要粲然一笑，世界都会向你敞开温暖的怀抱。

2004 年，央视的歌手大赛，除了推出一批歌坛新人，还意外捧红女主持人董卿。被同行戏称为“上海开花，北京结果”的董卿，以其落落大方、充满亲和力的甜美微笑，赢得了选手的信赖，也征服了广大观众。我们都知道，对于主持人来说，亲和力是少不了的一项要求。

然而，董卿曾经自己透露初到北京总给人一种“距离感”，让她很是困惑。她说：“我到了北京后，很多朋友就来问我，‘你是不是上海人？’我就问他们，为什么会看出来，他们说，‘上海女孩总是给人一种距离感，哪怕是微笑的时候，笑容里也有一种距离感。’说了之后，我也注意了一下，觉得确实是这样。”渐渐地，董卿开始主动和人拉家常，练就了没有“距离感”的笑容。

“生活中，我不属于特别爱笑的。舞台上我爱笑，很多人也很喜欢我的笑容，觉得很真诚。奇怪，我心甘情愿地把这个最好的最美的我，留给观众。这不是虚伪。站在舞台，我就很开心，非常享受工作的感觉。有时心情不愉快，但上了台就全忘了。”

亲和力的笑容是我们伸向另一个人内心最短的道路。朱自清先生曾经这样描述过女人：“女人有她温柔的空气，如听箫声，如嗅玫瑰，如水似蜜，如烟似雾，笼罩着我们，她的一举步，一伸腰，一掠发，一转眼，都如蜜在流，水在荡……女人的微笑是半开的花朵，里面流溢着诗与画，还有无声的音乐。”

女子温和的笑容，犹如桃花初绽，涟漪乍起，给人以温馨随和的感觉。如果女子在各种场合都能恰如其分地运用笑容，就可以传递情感，沟通心灵，甚至征服对手。

无论是你的客户，还是你的朋友，甚或是陌生人，只要看到你亲切的笑容，都不会拒绝你，会主动和你沟通交谈。一个女人脸上亲切的笑容比那些昂贵的脂粉更能透出她的魅力。

一直以来，周涛也是人们非常喜欢的央视女主持人之一。她美丽大方，端庄典雅，声音甜美，反应灵敏，拿起话筒来笑语盈盈，主持节目中规中矩。除此之外，周涛还有一个身份就是全国政协委员。

在2014年举行两会期间，许多新闻工作者和央视主持人委员出席会议。精致的发型，优雅的妆容，干练的服饰，这些熟悉的美女主播无不透露出一种成熟女性的魅力。在众多的美女主持人中，网友纷纷表示“周涛最美”，因为她神情轻松，笑得最甜美。

脸上挂满微笑的女性，自然而然就会显现出高贵的气质。因为真诚的微笑不会令别人感觉到你的高傲和生涩，只会让别人感觉到你的友好与优雅。时常微笑，会让人觉得你是一个有修养的女人。面对不同的场合、不同的情况，如果能用微笑来接纳对方，可以反映出你良好的修养和挚诚的胸怀。这种诚挚的感受会让你获得比自己想象中还要多得多的美好情感。

拿破仑·希尔这样总结微笑的力量：“真诚的微笑，其效用如同神奇的按钮，能立即接通他人友善的感情，因为它在告诉对方：我喜欢你，我愿意做你的朋友。同时也在说：我认为你也会喜欢我的。”最感人和最动人的笑容，一定是发自内心的，源自心灵深处，是真挚和真实的。

微笑是一种不花钱就能获得的魅力。所以，从现在开始，学会微笑，以微笑来面对你身边的人。每天出门的时候，请保持微笑，别忘了对你的家人说再见；遇上陌生人，请保持友善的微笑；请给帮助你的人一个衷心感激的微笑；请给那些不幸的人一个鼓励的微笑；请给下班归来的丈夫一个温暖的微笑。

微笑是离不开牙齿的。在古代，女子以“笑不露齿”为美；在现代，这一标准早已被颠覆了。有一口雪白整齐的牙齿，是件羡煞旁人的事情。如果你有着漂亮的牙齿，那么在笑的时候不妨微笑，张开双唇，露出前面的 6 颗小贝齿来，那样更自然，更真实。一张灿烂的女人笑脸，不但点亮了整个天空，也照耀了女人的整个世界。

善解人意，做一个温暖的女子

作家李敖对好女人曾有这样的评价："真正够水准的女人，她聪明、柔美、清秀、妩媚、有深度、善解人意、体贴自己心爱的人，她的可爱毫不嚣张，她像空谷幽兰，只是不容易被发现而已。"一个善解人意的女人，一定是一个集聪明、温柔、大方、体贴于一身的人。

在采访河南电视台选送的 TNT 组合时，董卿问道："我知道你们当中有一位是在今晚度过 21 岁的生日，是哪一位？"于是这位选手站了出来。

董卿接着说道："你知道吗？今天在评委席上有两位评委也在今晚过生日，他们是梁宁和陈小奇。他们和你一样为了这次大赛不能和家人团聚。但是这些天大家相处下来，就像是一家人一样融洽，就请三位选手清唱两句生日快乐歌来感谢评委的辛苦付出。"

祝福生日快乐的歌声像一股暖流融进每一个人的心中，台上台下沉浸在一片温馨之中。董卿的温柔体贴和善解人意令评委和观众感动不已。

莎士比亚说："外在的相貌其实是内心世界的一面镜子，善良使人美丽。"

善解人意的女人，总是设身处地地为别人着想，她能让朋友和亲人感到踏实和安全，让和她相处的人觉得轻松快乐，让人们渴望与之接近。

她们处处为别人着想，对朋友和亲人都给予足够的理解和尊重。她们懂得什么话该说，什么话不该说。在需要聆听的时候，她们是最好的听众。

斯普兰尼女士说："女性的内在价值是通过多方面体现出来的。事业仅仅是价值的一部分，更多的是那种关注弱者的爱心。"我们在享受被爱的时候，更要学会去爱他人。

善解人意的女人拥有一颗饱满和真诚的爱心，她们懂得爱自己、爱亲人、爱朋友、爱自然、爱生命、爱人世间一切可爱之物。

著名演员蒋雯丽在银幕上，塑造了百变女性的形象；在生活中，她是充满爱心的慈善大使。她的美丽来自本真的性情和热心慈善的行为。她关爱女性和儿童，担当"母亲水窖"公益大使，为汶川地震三次捐款，荧幕下的她用自身的感召力和个人魅力主推慈善事业。

蒋雯丽曾经谈道，自己的爱心来源于童年时姥爷的教诲："你要心好，就会更美丽。"她一直用这句话鼓励自己，行走在奉献爱心的路上。

从 2002 年开始，蒋雯丽已经做了 15 年的预防艾滋病宣传员，她说当初只是有这样一个愿望，想做一些好事、善事，结果一做就是这么多年。

蒋雯丽在《朗读者》中说："电影《最爱》就是以艾滋病感染者为背景，而片中就是找了一群感染者来拍摄。电影拍摄时，她要求剧组工作人员和艾滋病感染者们同吃同住，不能对他们进行差别对待。"节目中，蒋雯丽朗读了林清玄的《百合花开》，献给因病痛而受到伤害的人们，愿世界充满爱与希冀。

一直做一个善良的人，以岁月做笺，在时光的隧道中播种美好。以一颗感恩的心对待生活中的所有，收藏岁月沉淀的芳香，在光阴的剪影中盈盈浅笑。任寒风吹过依然向阳，落红散尽依旧温润。让心充满希望，与善良相随，走过红尘喧嚣，在清清浅浅的岁月中写下动人的暖。

男人通常会把善解人意的女人作为自己妻子的首选。他们会被善解人意的女人的善良行为所打动。比如说，在聚会的时候帮大家拿杯子，亲切细心地照顾到每一个人的感受等，这样的善解人意能紧紧抓住男人的心。

善解人意的女人深知平平淡淡才是真，精心别致的晚餐、生日时的一份礼物、读书写作时送的一杯香茗，点点滴滴尽显关心。

在婚姻中，善解人意的女人无论在怎样的情况下，都不会把身边的男人当成自己的私有财产，也不会时时刻刻要求男人对自己言听计从。因为她知道，身边的这个男人虽然是她的至亲至爱，但是，这个男人的心在属于她的同时，更多的应该属于他自己。

拥有一颗善解人意的心，远胜于拥有任何服饰、珠宝，这是女人最美、最珍贵的品质。女人，让善解人意为你佩戴魅力的光环吧！